Die 66 verrücktesten

Tierst

CW01582609

DR. MARIO LUDWIG

Die 66 verrücktesten Tierstimmen *der Welt*

Was Sie in diesem Buch finden

Vögel 47

Reptilien 69

Amphibien 75

Fische 82

Wirbellose 84

Anhang

Tierstimmen und Kommunikation

Ob Minnesänger oder Rock'n'Roll-Star – kluge Männer wussten schon zu allen Zeiten, dass der Weg ins Bett einer schönen Frau durchaus über ein mit Hingabe gesungenes Liebeslied erfolgen kann. Und was den Menschen recht ist, ist den Tieren oft billig, denn auch bei zahlreichen Tierarten versuchen die Herren der Schöpfung, mit mehr oder weniger melodischen Gesangsdarbietungen die Damenwelt von ihren Qualitäten als Liebhaber zu überzeugen. Gleichzeitig dienen die Gesänge meist auch dazu, männliche Konkurrenten auf akustischem Wege einzuschüchtern und klar und deutlich zu zeigen, wer in einem bestimmten Revier das Sagen hat.

Vor allem sind natürlich Vögel dafür bekannt, Vertreter des weiblichen Geschlecht durch musikalische Darbietungen anzulocken und zur Paarung zu überreden. Und die Weibchen versuchen, sich – fast wie im richtigen Leben – den besten Sänger oder zumindest den lautesten Troubadour zu schnappen. Das Kalkül der beschallten Damen ist dabei vergleichsweise simpel: Je besser bzw. lauter ein möglicher Liebhaber singt, desto kräftiger und gesünder ist er und desto wahrschein-

Vogelmännchen wollen mit ihrer Gesangsdarbietung vor allem Weibchen anlocken.

licher ist es, dass er dank guter Gene auch für einen ebensolchen Nachwuchs sorgt.
Stellt man den materiellen Erfolg einer musikalischen Darbietung in den Vordergrund, sind männliche Kanarienvögel die absoluten Superstars unter den Minnesängern – zumindest, wenn man neueren Erkenntnissen von Wissenschaftlern des Max-Planck-Instituts für Ornithologie in Seewiesen folgt. Hören die musikalisch umworbenen Weibchen der gelb gefiederten Piepmätze nämlich die Gesangsdarbietungen besonders stimmgewaltiger Troubadoure, legen sie sehr viel größere Eier, als wenn sie dem Gezwitscher von Vogelherren lauschen, die nicht über so viel Sex in der Stimme verfügen. Bei einem guten Sänger, der ja vermeintlich (s. o.) auch die besten Gene besitzt, lohnt es sich also offensichtlich aus Sicht der zukünftigen Mutter, einfach in die Eigröße zu investieren, enthalten doch größere Eier mehr Nährstoffe, die dann wiederum dafür sorgen, dass das Küken bereits im Ei kräftiger wird und somit nach dem Schlüpfen bessere Überlebenschancen hat. Auf welche Weise die weiblichen Vögel die Eigröße verändern, haben die Wissenschaftler allerdings bislang noch nicht herausgefunden.
Erstaunlicherweise müssen die Kanarienvogeldamen ihrem Liebhaber noch nicht einmal von Angesicht zu Angesicht gegenübertreten. Als die Wissenschaftler den hingebungsvoll lauschenden Weibchen nämlich Tonbandaufnahmen mit diversen männlichen Stimmdarbietungen vorspielten, legten die Weibchen beim Gesang derjenigen Herren die größeren Eier, in deren Liedgut die meisten sogenannten »sexy syllables« (»sexy Silben«) vorkamen.
In einer Hinsicht liegen die Vogeldamen mit ihrer Wahl auf alle Fälle richtig: Je kunstvoller das Gesangsrepertoire der gefiederten Troubadoure, desto größer – das haben amerikanische Neurobiologen erst vor Kurzem herausgefunden – ist auch der Teil ihres Gehirns entwickelt, der für das Erlernen von bestimmten Tätigkeiten verantwortlich ist. Stark vereinfacht gesagt heißt das: Gute (gefiederte) Sänger sind meist auch schlauer. Vogelweibchen halten sich übrigens normalerweise mit ihren Sangeskünsten zurück und sind nur selten zu hören.
Gesungen wird nun natürlich nicht nur in der Vogelwelt, sondern auch bei vielen anderen Tiergruppen wie Säugetieren, Amphibien oder Insekten. Und auch unter Wasser wird musiziert. So singen ja bekanntermaßen die männlichen Wale, um die Damenwelt auf sich aufmerksam zu machen. Ein regelrechter »Dauerbrenner« sind dabei die Buckelwale, die bis zu 23 Stunden ohne Pause ihre komplizierten und komplexen Liebeslieder ertönen lassen.
Und sogar Fische können sich stimmlich produzieren. Da singt doch das Männchen des Nördlichen Bootsmannfisches zur Paarungszeit im seichten Meerwasser entlang der amerikanischen Westküste gleich ganze Arien, um Weibchen anzulocken. Erzeugt werden die Töne jedoch nicht etwa mit dem Mund, sondern mit außerordentlich schnellen Muskeln, deren rhythmische Kontraktionen die Schwimmblase des kleinen Fischs aufs Heftigste vibrieren lassen.

Überhaupt gehört zum Musizieren im Tierreich nicht unbedingt ein Mund: Grillen zum Beispiel »singen« mit den Flügeln. Liebeshungrige Männchen erzeugen die hinreichend bekannten Zirpgeräusche nämlich, indem sie ihre Flügel aneinanderreiben – in Wissenschaftskreisen heißt das etwas unprosaisch »Stridulation«.

Übrigens: Ganz im Gegensatz zu uns Mitteleuropäern, die den Gesang einer Grille eher als nervtötende Störung des wohlverdienten Schlafes betrachten, gilt das Gezirpe der kleinen Insekten in China als Kunstgenuss erster Güte.

Bergzikadenmänner, die mit ihrem lauten und permanenten Zirpen die Nachtruhe schon so manches Mittelmeerurlaubers empfindlich gestört haben, erzeugen ihre Liebeslieder dagegen mit einem speziellen Lautapparat im Hinterleib, der Schallplatten aus Chitin mittels einer turboschnellen Muskulatur nach Art eines »Knick-Knack-Spielzeugs« blitzartig eindrückt und anschließend wieder ausbeult. Und beim Keulenpipra, einer in Südamerika lebenden Vogelart, verzichten die Männchen erstaunlicherweise vollständig auf die in Vogelkreisen üblichen Werbegesänge und beeindrucken ihre Weibchen lieber durch ein pompöses Rascheln ihrer Federn. Gute »Raschler« haben natürlich die besten Chancen.

Das berühmte Wolfsgeheul hat gleich mehrere Funktionen.

In vielen Fällen sind wir Menschen auch gehörmäßig zu limitiert, um den Stimmen unserer unser tierischen Verwandten lauschen zu können. So kommunizieren z. B. Finnwale, die nach dem Blauwal größten Lebewesen der Welt, per Infraschalllauten miteinander, das heißt mit Tönen, die unterhalb von 16 Hertz und damit außerhalb des menschlichen Hörvermögens liegen.

Die Infraschallgesänge, mit denen männliche Finnwalmänner in den Tiefen der Ozeane das Herz eines Weibchens gewinnen wollen, können von einer Finnwaldame noch in weit über 1000 km Entfernung vernommen werden. Für die Wale ist diese Art der Kommunikation überlebensnotwendig, denn die Tiere versammeln sich nicht wie andere Wale an speziellen Orten zur Paarung. Einige Wissenschaftler vermuten sogar, dass ein männlicher Finnwal im Pazifik per Infraschall locker ein Finnwalweibchen im Indischen Ozean »angraben« kann. Auch Landtiere wie Elefanten, Nilpferde und Tiger bedienen sich der »Geheimsprache« Infraschall, um sich untereinander zu verständigen.

Mäusemänner hingegen singen im Ultraschallbereich für ihre Liebste. Die nach Ansicht von Wissenschaftlern durchaus melodischen Piepsersequenzen von männlichen Mäusen sind deshalb von menschlichen Ohren nicht zu vernehmen, wohl aber von paarungsbereiten Mäusedamen.

Aber »Tierstimmen« dienen nicht allein der Partnerfindung und Reviermarkierung. So hat das Geklapper einer Klapperschlange die Funktion, Feinden eine letzte Warnung zu erteilen, bevor die Giftschlange zu ihrem tödlichen Biss ansetzt. Bei Stachelschweinen erfüllen bestimmte »Rasselstacheln« einen ähnlichen Zweck. Und die winzigen Pistolenkrebse setzen ihre Knallscheren nicht nur zu Rivalenkämpfen, sondern auch zum Beutemachen ein.

Verbreitet ist im Tierreich auch das Talent, zu imitieren. Dass Papageien und einige Rabenvögel die Fähigkeit besitzen, die menschliche Sprache nachzuahmen, ist schon seit einigen Jahrhunderten bekannt. Aber auch Vögel gehen offensichtlich mit der Zeit – so bauen seit einigen Jahren einige Vertreter unserer heimischen Vogelwelt wie Dohle, Star und Eichelhäher perfekte Kopien von – man höre und staune – Handyklingeltönen in ihre Balzgesänge ein. Und einen einigermaßen intelligenten Dompfaff kann man nach neueren wissenschaftlichen Erkenntnissen durchaus dazu bringen, die Melodie eines kompletten Volksliedes wie etwa »Im tiefen Böhmerwald« in seinen Gesang zu integrieren.

Unumstrittener König der Imitatoren – ein wahrer Stimmakrobat – ist der Graurücken-Leierschwanz, eine in Australien beheimateten Vogelart, die ihren Namen der fast 60 cm langen, leierförmige Schwanzschleppe des Männchens verdankt. Leierschwanzmännchen sind nämlich nicht nur in der Lage, die Gesänge von mehr als 20 unterschiedlichen Vogelarten täuschend echt zu kopieren, sondern bauen auch Imitationen zahlreicher Zivilisationsgeräusche, zum Beispiel das Pfeifen einer Lokomotive, das Knattern einer Kettensäge, das Klicken von Kameras oder aber schlichtes Autohupen, in ihre Gesänge ein.

Der australische Graurücken-Leierschwanz ist der »König der Imitatoren« im Tierreich.

Aber Vögel sind bei Weitem nicht die einzigen Imitatoren im Tierreich. Beispiele gibt es viele. So haben einige Killerwale gelernt, das Unterwasserbellen ihrer Lieblingsbeute, nämlich junger Seelöwen, perfekt zu imitieren – Hunger macht eben erfinderisch. Und wer hätte gedacht, dass ausgerechnet Elefanten in der Lage sind, Lastwagenmotoren täuschend ähnlich nachzuahmen.

Welchen biologischen oder gar evolutionären Zweck die diversen Imitationen erfüllen sollen, ist von wissenschaftlicher Seite in den meisten Fällen noch nicht eindeutig geklärt.

Schimpanse

Pan troglodytes

Track 1

Was bei Graupapageien funktioniert, müsste, denkt man, auch bei Schimpansen klappen. Eigentlich sollte doch es möglich sein, den klugen Tieren, die, rein genetisch gesehen, immerhin zu 98,7 Prozent mit uns Menschen übereinstimmen, die menschliche Sprache zu lehren. Und tatsächlich versuchte man in den 1950er-Jahren in den USA verzweifelt und nahezu mit allen Mitteln, Menschenaffen das Sprechen beizubringen. Aber was bei Papageien so einfach klappt, funktionierte bei Schimpansen und Orang-Utans überhaupt nicht. Auch nach mehreren Jahren intensivsten Sprachtrainings kamen die sonst so gelehrigen Primaten über Laute, die nur mühsam als »Mama« oder »Papa« identifiziert werden konnten, nicht hinaus.

Der Grund hierfür ist vergleichsweise simpel: Schimpansen fehlen einfach die anatomischen Voraussetzungen zum Sprechen. Lange Zeit glaubte man, dass es bei Menschen, im Gegensatz zu den Menschenaffen, in den ersten beiden Lebensjahren zu einer Absenkung des Kehlkopfes zusammen mit dem Zungenbein in Richtung Luftröhre kommt, wodurch ein Resonanzkörper entsteht, der die dringende Voraussetzung für eine artikulierte Sprachbildung ist. Vor Kurzem konnten jedoch japanische Wissenschaftler auch bei jungen Schimpansen eine Absenkung des Kehlkopfes in den ersten Lebensjahren nachweisen. Dass die Menschenaffen dennoch nicht fähig sind, die menschliche Sprache zu erlernen, erklären die Forscher mit der Tatsache, dass es neben der offensichtlich fehlenden Ausbildung eines Sprachzentrums im Gehirn vor allem die im Vergleich zum Menschen mangelnde Absenkung des Zungenbeins im Verhältnis zum Schädel ist, die eine komplexe Lautbildung verhindert.

Und doch haben wir – amerikanischen Psychologen sei Dank – einen Weg gefunden, mit unseren haarigen Verwandten zu plaudern. Mitte der 1960er-Jahre brachten die Psychologieprofessoren Allen und Beatrix Gardner von der Universität von Nevada in Reno dem zehn Monate alten Schimpansenbaby Washoe bei, sich mit Hilfe der »American Sign Language« (ASL), einer Zeichensprache, die ursprünglich für amerikanische Gehörlose entwickelt wurde, mit Menschen zu verständigen. Das Psychologenpaar zog das Schimpansenbaby wie ein menschliches Kind auf und kommunizierte mit ihm ausschließlich per ASL. Und das mit großem Erfolg: Washoe konnte bald mehrere Hundert unterschiedliche Zeichen der Gebärdensprache durchaus sinnvoll einsetzen und war auch in der Lage, kleine Sätze zu bilden. Die erstaunlichste Leistung erbrachte die gelehrige Schimpansin im Jahr 1978, als sie nach Verlust des eigenen Jungtieres das Schimpansenbaby Loulis adoptierte und ihrem neuen Zögling ebenfalls die Gebärdensprache beibrachte. Damit war Loulis das erste Tier, das ein menschliches Kommunikationsmittel von einem nichtmenschlichen Wesen gelernt hatte. Ob Washoes Gebärdensprache tatsächlich als »echte« Sprache angesehen werden kann, ist jedoch unter Wissenschaftlern umstritten.

Dabei haben Schimpansen keineswegs ein geringes Lautrepertoire. Die berühmte Verhaltensforscherin und Schimpansenexpertin Jane Goodall unterscheidet 17 verschiedene Laute, mit denen Schimpansen miteinander kommunizieren können.

Mit ihrem berühmten »Panthoot«-Schrei, einem Ruf, der aus vier Elementen (Einleitung, Aufbauabschnitt, Höhepunkt, Phase des Abebbens) besteht, können sich die Menschenaffen zum Beispiel im dichten Wald auf Entfernungen von mehr als einem Kilometer verständigen. Der Ruf hat gleich mehrere Funktionen, dient aber in erster Linie als Erkennungszeichen und zum akustischen Kontakthalten der Tiere untereinander.

Die Erkennungsrufe variieren dabei zwischen Schimpansengruppen je nach Gebiet derart, dass man durchaus von Regionaldialekten sprechen kann. So können Experten mühelos sprachliche Unterschiede zwischen Schimpansen aus dem Kongo und ihren Artgenossen im Senegal feststellen.

Mit sogenannten Nahrungsrufen, einer Mischung aus Grunzen, Bellen und Keuchen, werden Artgenossen wiederum auf diverse Futterquellen hingewiesen. Beim gemeinsamen Spiel dagegen sind immer wieder Laute zu hören, die durchaus mit einem »gehechelten Lachen« zu vergleichen sind. Richtig laut wird es, wenn eine Schimpansenhorde triumphierend verkündet, dass eine Jagd erfolgreich war. Aber auch das ist noch nichts gegen das ohrenbetäubende Gebrüll, das eine Horde der nicht immer friedlichen Menschenaffen bei einem kriegerischen Überfall anstimmt.

Dabei sind Schimpansen in Sachen Kommunikation keineswegs nur auf ihre Stimme angewiesen. Auch mit ihrer reichhaltigen Gestik und besonders mit ihrer äußerst ausdrucksvollen Mimik können die Menschenaffen ihren Artgenossen mitteilen, was es zu sagen gibt. Gestik und Mimik sind dabei so differenziert, dass auch wir Menschen durchaus verstehen, was unsere nächsten Verwandten einander so alles mitzuteilen haben.

Schimpansen haben ein umfangreiches Lautrepertoire.

Siamang

Symphalangus syndactylus

Track 2

Bereits vor Sonnenaufgang sind allmorgendlich in den Baumkronen der Regenwälder Malaysias und Sumatras laute Gesänge zu hören, die mit Sicherheit zu den eindrucksvollsten Darbietungen dieser Art im Tierreich überhaupt gehören: die Territorial- und Liebesgesänge der Siamangs. Es sind die Männchen der tiefschwarz gefärbten Affen aus der Familie der Gibbons, die mit dem Gesang starten. In Klang und Intensität durchaus vergleichbar mit einem Alphorn, hallen die tief tönenden, jedoch glockenrein klingenden Rufe der Affenherren durch den Dschungel. Zur Resonanzverstärkung dient den männlichen Affen ein häutiger Kehlsack, der während des Gesangs gewaltig aufgebläht werden kann und dafür sorgt, dass die Rufe viele Kilometer weit zu hören sind. Echte Könner unter den männlichen Sangeskünstlern klopfen bei ihren beeindruckenden Arien auch noch mit der Hand auf den Mund oder den Kehlsack und erzeugen so ein regelrechtes Tremolo.

Die Gesänge der Siamangs gehören zu den eindrucksvollsten Darbietungen im Tierreich.

Im weiteren Verlauf des Morgens stimmen dann die Siamangweibchen mit ihrem nicht ganz so imposanten Sopran in den Gesang der Männer ein, bis schließlich die gesamte Familie, inklusive Kinder, in einem durchdringenden Konzert zu hören ist.

Mit den gemeinschaftlichen Gesangsdarbietungen, die meist auch noch von spektakulären Turnübungen und wildem Astgeschüttel im Dach des Regenwaldes begleitet werden, soll Nachbarfamilien akustisch auf unmissverständliche Art und Weise mitgeteilt werden, wer hier Ansprüche auf ein bestimmtes Revier und den bevorzugten Zugang zu besonders attraktiven Futterplätzen stellt. Dabei gilt meist: Wer am lautesten singt, gewinnt. Kein Wunder also, das sich die Affen nach Kräften bemühen, eine rivalisierende Siamangfamilie in Grund und Boden zu singen.

Nach Ansicht einiger der Wissenschaftler dienen die gemeinsamen Gesänge aber nicht nur der Revierverteidigung, sondern auch der Stärkung der Bindung zwischen den Geschlechtspartnern, ist der Duettgesang zwischen Männchen und Weibchen doch umso besser abgestimmt, je länger ein Paar zusammen ist. So heißt es offensichtlich auch unter Affen zu Recht: »Gesang verbindet.«

Möglicherweise sind die Gesänge aber zumindest zum Teil auch einfach nur ein Ausdruck purer Lebensfreude, denn bei Regenwetter schweigen die Siamangs.

Roter Brüllaffe

Alouatta seniculus

Track 3

Bei den Roten Brüllaffen ist der Name Programm, denn die Bewohner des mittel- und südamerikanischen tropischen Regenwaldes verfügen nicht nur unter den Primaten über das lauteste Ruforgan, sondern gelten sogar als stimmgewaltigste Landtiere überhaupt.

Nach Aussage des berühmten »Guinness Buchs der Weltrekorde« kann das Gebrüll der Affen bei guten Wetterbedingungen selbst im dichten Dschungel noch aus einer Entfernung von bis zu 5 km vernommen werden. Im Kölner Zoo ergaben Messungen beim Brüllaffenmännchen Kuni immerhin einen Maximalwert von 105 Dezibel. Zum Vergleich: Die akustische Schmerzgrenze eines Menschen liegt bei rund 130 Dezibel.

Ihre gewaltige Stimme verdanken die Affen, die sich meist in den Baumkronen des Regenwaldes aufhalten, der speziellen Ausbildung ihres Kehlkopfes, bei dem Zungenbein und Schildknorpel extrem vergrößert sind und als Resonanzkörper dienen. Außerdem ist der Kehlsack der Affen außerordentlich dehnbar.

Das »Gebrüll« der Brüllaffen ist meist am Morgen zu hören, bei Bedarf aber auch zu jeder anderen Tageszeit, dient es doch den in Familienverbänden lebenden Tieren vor allem zur Abgrenzung ihres Territoriums gegenüber Nachbargruppen. Meist sind es die älteren Männchen, die rufen, aber oft stimmen auch jüngere Männchen und sogar Weibchen in die Gruppengesänge mit ein.

Brüllaffen sind die stimmgewaltigsten Landtiere überhaupt.

Ihrem Namen zum Trotz handelt es sich bei den Lautäußerungen der Brüllaffen nicht um ein »Brüllen« im eigentlichen Sinn, und auch nicht um ein »Heulen«, wie der englische Name der Affen »howler monkeys« (= Heulaffen) vermuten ließe, sondern um ein lautes »Röhren«, das oft von Zuhörern als Mixtur aus dem Geräusch, das ein startendes Düsenflugzeug verursacht, und dem Gegrunze einer aufgeregten Horde Schweine beschrieben wird.

Indri

Indri indri

Track 4

Beim Indri handelt es sich sicherlich um die größte und schwerste Lemurenart Madagaskars. Die tagaktiven, etwas trägen Halbaffen leben in den dichteren Wäldern der Insel in kleinen Familiengruppen zusammen, die sich stets aus einem erwachsenen Paar mit meist zwei bis drei Jungen zusammensetzen.

Ihr rund 15 bis 30 Hektar großes Revier markieren die Indris mit lauten Gesängen, die durch einen Kehlsack verstärkt werden und bis zu 2 km weit zu hören sind. Gesungen wird meist am frühen Abend. Die Gesänge der Indris, die, anders als alle anderen Lemuren, nur einen kurzen Stummelschwanz besitzen, beginnen üblicherweise mit einem hundeartigen Bellen, um dann nach einer Weile in ein an menschliche Schmerzlaute erinnerndes Geheul überzugehen. Gesungen wird bevorzugt am frühen Morgen, aber ab und an auch am Abend oder in der Nacht.

Es ist stets die ganze Familie beteiligt, und da andere Indrifamilien sofort auf diese akustischen Territorialabgrenzungen antworten, entwickeln sich meist regelrechte »Gesangsschlachten« zwischen den einzelnen Familien, sodass bald der ganze Wald von den eindrucksvollen Tönen der riesigen Lemuren erfüllt ist.

Mit ihren unheimlich klingenden Gesängen und ihrem menschenähnliches Aussehen haben die Indris die Mythen und Legenden Madagaskars stark beeinflusst. So glauben die Ureinwohner der größten afrikanischen Insel etwa, dass im Körper des Babakoto – wie sie den Indri nennen – die Seelen der Verstorbenen wiederkehren.

Die Gesänge der Indris haben die Mythen Madagaskars stark beeinflusst.

In einigen Regionen Madagaskars hält sich zudem hartnäckig der Mythos, wonach einst im Dschungel der Insel zwei Brüder lebten, von denen einer den Wald verließ, um das Land zu kultivieren. Dieser Bruder entwickelte sich zum ersten Menschen, während aus dem Bruder, der im Regenwald zurückblieb, der erste Indri wurde. Und dieser Indri und seine Nachkommen lassen – der Legende nach – allmorgendlich ihr Klagelied über den »verloren gegangenen« Bruder ertönen.

Indris werden heute von der Weltnaturschutzunion IUCN als »stark gefährdet« eingestuft, da ihr Lebensraum durch diverse menschliche Aktivitäten immer weiter vernichtet wird.

Großer Tümmler

Tursiops truncatus

Track 5

»Gestatten, mein Name ist Flipper«. So oder zumindest so ähnlich stellen sich Große Tümmler ihren Artgenossen vor. Schottische Wissenschaftler haben nämlich beim Belauschen dieser wohl bekanntesten Delfinart mit Hilfe von Unterwassermikrophonen vor der Küste Floridas festgestellt, dass die Meeressäuger einen Namen besitzen – einen ganz individuellen Pfeifton, mit dem sie sich ihrer Verwandtschaft und ihren Freunden zu erkennen geben. Diesen »Namen« entwickeln die klugen Meerestiere nach wissenschaftlichen Erkenntnissen bereits als Kind und behalten ihn bis ins hohe Alter bei. Mit Neugeborenen pfeifen Delfinmütter 10-mal häufiger als üblich. So soll das Kalb rasch lernen, die Mutter am Pfeifton zu identifizieren.

Zur Kommunikation stehen den Delfinen neben den bereits erwähnten Pfeiftönen noch eine ganze Reihe weiterer Lautäußerungen, zum Beispiel Quietschlaute, Triller oder Geschnatter, zur Verfügung. Experten unterscheiden dabei zwischen sogenannten Hydrosounds, also Lauten, die unter Wasser abgegeben werden, und Air Sounds, Lauten, mit denen sich die Meeressäuger oberhalb der Wasseroberfläche verständigen.

Neben diesen Tönen senden Delfine auch hochfrequente Klicklaute aus, die außerhalb des menschlichen Hörbereichs liegen und – wie bei Fledermäusen – der Echoortung von Beutetieren und der Navigation dienen. Interessanterweise verfügen Große Tümmler, die nahe der Küste leben, über ein größeres Repertoire an Ultraschalllauten als Artgenossen, die im offenen Meer zu Hause sind. Dieser Umstand ist wahrscheinlich dadurch zu erklären, dass sich in den Küstengewässern deutlich mehr Hindernisse befinden als auf hoher See und die Delfine daher zu einer verstärkten Echo-Navigation gezwungen sind.

Oberhalb der Wasseroberfläche kommunizieren Delfine mit sogenannten Airsounds.

Buckelwal

Megaptera novaeangliae

Track 6

Die nahezu außerirdisch klingenden Gesänge der Buckelwale wurden bereits in den 1970er-Jahren mit Unterwassermikrophonen aufgezeichnet, auf Schallplatten gepresst und mit beachtlichem kommerziellen Erfolg an Naturfreunde und Esoteriker in der ganzen Welt verkauft. Bis heute stehen die »Sirenengesänge sanfter Riesen« in den »Naturmusik-Charts« ganz oben. Was ist also dran am Gesang der großen Meeressäuger?

Nach bisherigem Kenntnisstand handelt es sich bei den Gesängen der Buckelwale um gesungene Liebesbotschaften, mit denen die Männchen den Weibchen auch über größere Entfernungen ihre Paarungsbereitschaft signalisieren wollen. Manchmal mutieren die Buckelwalbullen dabei regelrecht zu Dauersängern und bringen den Weibchen unermüdlich und nur durch die Pausen, die sie zum Atemholen benötigen, unterbrochen, ein Ständchen nach dem anderen. Bis zu 23 Stunden singen die grauen Riesen am Stück, um die Gunst eines Weibchens zu erlangen.

Gleichzeitig sollen mit den Gesängen aber offensichtlich auch unliebsame Rivalen eingeschüchtert werden

Bereits Ende der 1960er-Jahre konnten die amerikanischen Meeresbiologen Roger Payne und Scott McVay anhand von verschiedenen Unterwassertonaufnahmen zeigen, dass die Gesänge der Buckelwale nicht nur aus Pfiffen, Bellen, Schreien, Rufen, Grunzen und Stöhnen bestehen, sondern äußerst komplex und regelrecht in Verse oder Strophen unterteilt sind. Außerdem konnte die Wissenschaft einen hierarchischen Aufbau der Töne nachweisen.

Vor Kurzem untersuchten Wissenschaftler der Universität Massachusetts mit Hilfe eines eigens dafür entwickelten Computerprogramms den Aufbau und die Struktur der Buckelwalgesänge. Das Ergebnis war verblüffend: Buckelwalgesänge sind ähnlich aufgebaut wie die menschliche Sprache: Einzelne Lauteinheiten werden zu Phrasen kombiniert, die ständig wiederholt und dann zu Gesängen verbunden werden.

Allerdings ist es wohl nicht gerade informativ, was die Walbullen da unermüdlich vor sich hinsingen. So zeigen die Berechnungen der amerikanischen Wissenschaftler, dass die Tiere pro Gesangssekunde gerade mal ein Bit Information transportieren. Zum Vergleich: Ein englischsprachiger Mensch vermittelt pro Wort etwa zehn Bit an Information. Aufgrund dieser Tatsache sind sich die Forscher eigentlich sicher, dass es sich bei den Buckelwalgesängen trotz der sprachähnlichen Struktur um keine Sprache im engeren Sinn handelt.

Die Gesänge der Buckelwale gehören mit der stattlichen Lautstärke von bis zu 190 Dezibel zu den lautesten Rufen im Tierreich. Infolge ihrer Lautstärke und der guten Schallleitfähigkeit des Wassers lassen sich die Gesänge noch aus mehreren Hundert Kilometern Entfernung wahrnehmen.

Allerdings sind die Gesangsdarbietungen der Buckelwale nur im Winter und nur in den Paarungsgebieten der großen Meeressäuger in den warmen Gewässern in Äquatornähe zu

Buckelwalbullen sind die »Dauersänger« unter den Tieren.

hören. Nach ihrer Wanderung zu den polarnahen Sommerquartieren, wo reichlich Nahrung auf die Wale wartet, verstummen die grauen Riesen. Zurück im Winterquartier, nehmen die Buckelwale dann ihr Lied aus der vorherigen Saison wieder auf, ändern dann aber peu à peu einzelne Teile der Strophen, sodass ihr Lied sich nach ungefähr fünf Jahren so stark verändert hat, dass es nicht mehr wiederzuerkennen ist.

Die Lieder können je nach Population sehr verschieden sein. So haben die Buckelwale des Nordpazifiks ein völlig anderes Liedgut als die Buckelwale des Südpazifiks. Nach Ansicht von Wissenschaftlern sind die Gesänge manchmal so unterschiedlich wie Musik von Mozart und den Rolling Stones Und ein gut geübter Meeresbiologen kann es ab und an sogar durchaus schaffen, einen einzelnen Buckelwal an seinem spezifischen, unverwechselbaren Gesang zu identifizieren.

Als sich 1985 ein Buckelwal, den man später Humphrey nannte, aus der Bucht von San Francisco rund 100 km stromaufwärts in den Sacramento River verirrte, waren es auf Schallplatte aufgenommene Walgesänge, die dem völlig orientierungslosen Tier das Leben retteten. Humphrey machte damals nämlich schleunigst kehrt, als er die mit Lautsprechern unter Wasser abgespielten Töne feindlicher Killerwale auf der einen Seite und das freundliche Quietschen seiner Artgenossen auf der anderen Seite vernahm, und fand nach über 25 Tagen Irrfahrt den Weg zurück in den Pazifischen Ozean. Viele Millionen Menschen auf der ganzen Welt verfolgten damals die Rettung an den Fernsehgeräten.

Die einst großen Bestände der riesigen »Meeressänger« gingen durch intensive Bejagung zeitweilig äußerst bedrohlich zurück, deshalb stehen Buckelwale seit 1966 unter weltweitem Artenschutz.

Schwertwal

Orcinus orca

Track 7

Orcas oder Schwertwale, wie die großen Meeressäuger wegen ihrer großen Rückenflosse auch genannt werden, leben in sehr engen Familienrudeln, die – es lebe das Matriarchat – stets von einem Weibchen angeführt werden. Innerhalb dieser Sippschaften plaudern die Schwertwale ausgiebig mit einer ganzen Reihe von Lautäußerungen miteinander. Da gibt es neben Pfiffen und Grunzlauten auch Töne, die fast an menschliche Schreie erinnern. Die einzelnen Orcagruppen kann man dabei gut anhand ihrer unterschiedlichen »Dialekte« unterscheiden. Der Dialekt wird dabei stets von Generation zu Generation von den Walmüttern an ihre Kälber weitergegeben.

Die überaus intelligenten Tiere scheinen auch äußerst sprachbegabt zu sein, wie das Beispiel eines männlichen Orcas aus dem Aquarium von Vancouver zeigt: Der Meeressäuger, der zunächst den Dialekt seiner eigenen Familie sprach, übernahm, nachdem er eine Beziehung mit einer Schwertwaldame eingegangen war, deren Redensweise. Nach dem Tod seines Weibchens verfiel er wieder in seinen »heimischen« Dialekt, den er offensichtlich nicht vergessen hatte. Und als man dem Witwer dann zwei neue Schwertwale ins Becken setzte, hatte keinerlei Mühe, sich auch auf die Sprache der Neuankömmlinge einzustellen.

Nun ist Kommunikation nicht das Einzige, wofür Schwertwale ihre Stimme verwenden. Die schwarz-weißen Meeressäuger senden nämlich ähnlich wie die Fledermäuse ständig niederfrequente Klicklaute aus, die von Beutetieren und anderen Objekten reflektiert werden. Anhand des Echos verschaffen sich die Schwertwale so mit ihrem körpereigenen Sonar ein äußerst genaues»Hörbild« ihrer näheren Umgebung. Viele Wissenschaftler sind der Überzeugung, dass diese Hörbilder durchaus vergleichbar mit den optischen Bildern sind, die zum Beispiel wir Menschen zu unserer Orientierung verwenden.

Verschiedene Orcagruppen kann man gut anhand ihres Dialektes unterscheiden.

Afrikanischer Elefant

Loxodonta africana

Track 8

Um in einem Orchester spielen zu können, würden die Trompetenkünste eines Elefanten wahrscheinlich eher nicht ausreichen, die lautesten Trompetenvirtuosen weltweit sind die großen Dickhäuter jedoch allemal. Neben den trompetenartigen Lauten, mit denen die grauen Riesen vor allem bestimmte Stimmungslagen wie Aggressivität, Angst oder Aufregung wiedergeben, stehen den Elefanten nach Ansicht der Wissenschaft rund 70 weitere ganz unterschiedliche Töne zur Kommunikation zur Verfügung, von denen wiederum zehn eine ganz besonders wichtige Rolle in Sachen Verständigung spielen.
So begrüßen sich miteinander bekannte Artgenossen zum Beispiel mit einem leisen Schnurren. Interessant dabei: Wissenschaftler haben bei Feldversuchen herausgefunden, dass Elefanten bis zu 100 verschiedene Individuen nur an ihrer Stimme erkennen können. Ist ein Elefant wütend, schnaubt er kräftig und verstärkt dieses Schnauben meist noch mit kehlig klingenden Lauten. Zum Zeichen ihres Wohlbefindens geben die Tiere dagegen ein tiefes Kollern oder Rumpeln von sich.
Allerdings spielt sich etwa zwei Drittel dessen, was die Dickhäuter ihren Artgenossen so mitzuteilen haben, in einem Bereich ab, der unterhalb des menschlichen Hörbereichs liegt – und zwar im sogenannten Infraschallbereich. Ein Mensch kann Töne unter 16 Hertz kaum noch wahrnehmen, für Elefanten sind dagegen auch noch Laute um die 10 Hertz leicht zu hören. Die Infraschalllaute, die mit Hilfe des Rüssels erzeugt werden, werden sowohl durch die Luft als auch über den Boden weit übertragen, sodass die Elefanten durchaus auch mit einem mehrere Kilometer weit entfernten Artgenossen ein Schwätzchen halten können. So setzen zum Beispiel Bullen Infraschall ein, um auch in der weiteren Umgebung ein Weibchen zur Paarung zu finden. Und wenn der liebeshungrige »Infraschallrufer« Glück hat, antwortet eine auf diese Art und Weise angebaggerte Elefantenkuh dann ebenfalls in der »Geheimsprache« der Elefanten. Empfangen werden die Infraschallsignale übrigens auch mit speziellen Strukturen an Rüsselansatz und Füßen.
Wie kleine Menschenkinder auch, müssen junge Elefanten ihre »Sprache« zu sprechen und zu verstehen lernen. Die Laute im Infraschallbereich und das berühmte »Trompeten« lernen die kleinen Elefanten freilich erst in einer relativ späten Lernphase.
Die Wissenschaft geht davon aus, dass es bei Elefanten – ähnlich wie bei den Buckelwalen (S. 16) – so etwas wie unterschiedliche Dialekte bei den verschiedenen Populationen gibt. Und zumindest unter Dickhäutern scheint auch das häufig bemühte Klischee von redseligen Frauen und wortkargen Männern zu stimmen. Die Wissenschaftler haben nämlich herausgefunden, dass weibliche Elefanten wesentlich mehr »reden« als ihre männlichen Artgenossen.
Diese Tatsache hängt wahrscheinlich mit der sozialen Struktur der Herden zusammen, denn während Elefantenkühe in größeren Gruppen leben, handelt es sich bei ausge-

Auch Elefanten sind in der Lage, artfremde Geräusche zu imitieren.

wachsenen Bullen meist um Einzelgänger, die deutlich weniger Lauttypen produzieren. Wenn Eichelhäher Klingeltöne imitieren (S. 50) und Graupapageien gleich ganze Sätze ihrer Besitzer nachahmen (S. 60), zeugt das von der Anpassungsfähigkeit der Tiere an ihre Umwelt. Man war jedoch lange Zeit davon ausgegangen, dass es bei Landsäugetieren, sieht man einmal von Primaten ab, keine Fähigkeit zur Imitation artfremder Laute gibt, bis vor Kurzem die kenianische Elefantenkuh Mlaika die Wissenschaft auf eindrucksvolle Weise eines Besseren belehrte. Die zehnjährige Dickhäuterdame, die im Tsavo-Nationalpark rund 3 km entfernt von der Fernstraße Nairobi–Mombasa zu Hause ist, ahmt nämlich jeden Abend nach Sonnenuntergang das Dröhnen vorbeifahrender LKWs nach – und zwar so perfekt, dass es selbst Experten kaum von echtem Lastwagenbrummen unterscheiden können.

Ein männlicher Artgenosse der sangesfreudigen Elefantendame, der 23-jährige Elefantenbulle Calimero, der im Basler Zoo lebt, hat sogar eine Fremdsprache erlernt: Der afrikanische Elefantenbulle teilt sein Gehege seit 18 Jahren mit zwei asiatischen Elefantenkühen. Nun kommunizieren asiatische Elefanten im Gegensatz zu ihren afrikanischen Vettern nicht durch Brummen, sondern durch eher zwitschernde Laute. Calimero hat jedoch aus der Not eine Tugend gemacht und diese Zwitschersprache seiner asiatischen Mitbewohnerinnen erlernt. Seine »Muttersprache« benutzt der Bulle mittlerweile nur noch in Ausnahmefällen.

Elch

Alces alces

Track 9

Die früheste Beschreibung eines Elches finden wir in Gaius Julius Caesars berühmtem Buch »De Bello gallico – Über den Gallischen Krieg«: »... sie haben Beine ohne Knöchel und Gelenke. Weder legen sie sich zum Schlafen hin, noch können sie, wenn sie durch irgend einen Zufall umgeworfen, sich aufrichten oder aufstehen.« Der Feldherr führt dann weiterhin aus, die Elche würden sich daher zum Schlafen an Bäume anlehnen, und die Germanen würden dieses ungewöhnliche Schlafverhalten zur Jagd nutzen, indem sie Bäume ansägten, sodass diese sofort umfielen, sobald sich ein schlafbedürftiger Elch daran anlehne. Heute wissen wir natürlich, dass Elche schlafen wie andere Wildtiere auch und dass man deshalb bei der Jagd auf die Tiere mit angesägten Bäumen nicht allzu weit kommt. Aber wie kommunizieren die riesigen Hirsche, die doch als eher still gelten, eigentlich miteinander? Tatsächlich steht Elchen zur Verständigung gleich eine ganze Palette an Lauten zur Verfügung: Da wird je nach Stimmungslage und Intention gefiept, gewimmert, gekluckert, gestöhnt und sogar gewiehert. Richtig laut wird es dann zur Paarungszeit, wenn die Bullen einen dröhnenden Brunftschrei hören lassen, der irgendwo zwischen dem Geräusch eines Nebelhorns und einem brüllenden Löwen anzusiedeln ist. Um ihre Ankunft auf dem Brunftplatz ihren Artgenossen deutlich zu machen, arbeiten Elchbullen darüber hinaus mit nonverbalen Lauten. So schlagen sie zum Beispiel ganz gezielt mit ihrem Geweih auf Bäume und Büsche ein. Eine Maßnahme übrigens, die oft Blutvergießen vermeiden hilft, denn am Klang, den das mehr oder minder große Geweih bei dieser Aktion verursacht, können andere Bullen selbst im dichten Wald sehr frühzeitig einschätzen, um was für ein Kaliber es sich bei dem neuankommenden Rivalen handelt und ob es nicht besser ist, die Flucht zu ergreifen, anstatt sich auf einen aussichtlosen Kampf einzulassen.

In der Paarungszeit lassen die Elchbullen einen drohenden Brunftschrei hören.

Rothirsch

Cervus elaphus

Track 10

Im September und Oktober findet in unseren Wäldern ein Spektakel statt, das zumindest in Mitteleuropa seinesgleichen sucht: die Brunft der Rothirsche, mit den unverwechselbaren Brunftschreien der männlichen Tiere, die dann mächtig durch unsere Wälder dröhnen. Der Schrei selbst ist eher ein gutturales Röhren, das akustisch irgendwo zwischen dem Muhen einer Kuh und dem Geknurr eines Löwen anzusiedeln ist.

Die Brunftrufe der einzelnen Hirsche sind dabei sowohl hinsichtlich Stimmhöhe als auch Stimmfärbung so charakteristisch, dass Rotwildexperten anhand der Rufe durchaus einzelne Tiere unterscheiden können.

Und wozu das ganze Gebrülle? Wie fast immer im Tierreich geht es um Frauen und Macht. Die älteren Hirsche besetzen meist ihren »persönlichen« Brunftplatz, den sie bereits aus den Vorjahren kennen, und beginnen, mit unablässigem Röhren Weibchen anzulocken, die dann mit ihren Jungtieren in der Nähe des Platzhirsches äsen und lagern. Damit ist es für den Hirschmann aber noch lange nicht getan. So ein Harem will eben auch gut bewacht sein, und deshalb umkreist der »Herr des Platzes« unermüdlich seine Frauengruppe und treibt Damen, die sich – warum auch immer – aus seinem Machtbereich entfernen wollen, mit dröhnenden Brunftrufen oder mit sanfter körperlicher Gewalt zurück. Und dann muss sich der Platzhirsch auch noch mit der lästigen Konkurrenz rumschlagen. Denn oft wollen jüngere Männchen, die stets an der Peripherie des Brunftplatzes lauern, dem Revierinhaber seine Damen abspenstig machen. In solch einem Fall ist dann natürlich stets die geballte Sangeskraft des Platzhirsches gefordert. Mit dröhnendem Röhren zeigt er seinen Konkurrenten, wer hier das Sagen hat. Dabei gilt: Je kräftiger gebrüllt wird, desto mächtiger ist der Schreihals. Ist ein Rivale von dieser gebrüllten Machtdemonstration allerdings nicht beeindruckt, rückt er dem Platzhirsch nicht nur räumlich, sondern auch akustisch auf den Pelz. Die Kontrahenten röhren dann, was das Zeug hält, laufen nebeneinander her und überprüfen dabei aus den Augenwinkeln, wie groß der vermaledeite Konkurrent nun tatsächlich ist.

Lässt sich die Machtfrage nicht auf akustische Weise klären, kommt es zum »Brunftkampf« der Rivalen, bei dem die Kombattanten versuchen, sich gegenseitig mit ihren Geweihen – ähnlich wie Sumoringer – mit aller Gewalt aus dem Ring zu drücken. Auch wenn es sich bei diesen Brunftkämpfen der Rothirsche um ritualisierte Kämpfe, sogenannte Kommentkämpfe, handelt, bei denen eine Verletzung des Gegners nicht beabsichtigt ist, kann es durchaus vorkommen, dass ein solcher Kampf mitunter sogar tödlich endet. So schätzt man, dass in Deutschland rund fünf Prozent der Kämpfer bei den jährlichen Brunftduellen zu Tode kommen.

Beobachtungen von Wissenschaftlern haben gezeigt, dass die Hirsche in den Brunftwochen pro Tag nahezu 15 Stunden am Stück röhren. Die akustischen Höhepunkte der gesanglichen Darbietung sind dabei meist

gegen 20 Uhr, um Mitternacht und in der Morgendämmerung. Das pausenlose nächtliche Röhren zehrt jedoch ganz gewaltig an den Kräften. Deshalb ist ein Platzhirsch am frühen Morgen so erschöpft, dass er kaum noch in der Lage ist, Nahrung zu sich zu nehmen. Kein Wunder also, dass ein Hirsch sich in der Brunft völlig verausgabt (im Jägerjargon heißt das, er ist »abgebrunftet«) und bis zu 20 Prozent seines Gewichts verlieren kann. Und manchmal bezahlt der röhrende Macho die gewaltige Kraftanstrengung der Brunft sogar mit dem Leben.
Am 7. Februar 2009 fanden in Dortmund die 11. Europameisterschaften im »Hirschrufen« statt. Was auf den ersten Blick als eher etwas skurriler Wettbewerb eingestuft wird, hat jedoch eine jahrhundertealte Tradition und ist als durchaus anspruchsvolle waidmännische Kunst einzustufen. Mit dem künstlichen Hirschgeschrei täuschen Jäger nämlich während der Brunftzeit des Rotwildes dem »Platzhirsch« einen Nebenbuhler vor und versuchen ihn so aus seiner Deckung zu locken. Auf diese Weise kann der Jäger beurteilen, ob der Hirsch den Abschussrichtlinien entspricht und er ihn erlegen darf. Bei den diversen Hirschrufmeisterschaften geht es darum, ohne oder mit diversen Hilfsmitteln, etwa hohlen Ochsenhörnern, den Gehäusen riesiger Meeresschnecken oder aber simpler Plastikröhren, den Brunftruf eines Hirsches so originalgetreu wie möglich zu imitieren. Gerufen wird gleich in drei Disziplinen: 1. Uralter Hirsch abseits des Brunftplatzes, 2. Junger, suchender Hirsch, 3. Zwei gleichstarke Hirsche, die sich wechselseitig anbrüllen.
Europameister 2009 im Hirschrufen wurde übrigens kein Berufsjäger, sondern der tschechische Volkswirtschafts-Student Jan Brtnik.

Im Herbst dröhnen die Brunftschreie der Rothirsche durch unsere Wälder.

Dromedar

Camelus dromedarius

Track 11

In alten Lexika und Zoologiebüchern kommt das Dromedar nicht besonders gut weg. Bereits der »Tiervater Brehm« urteilte: »Das Dromedar ist das unliebenswürdigste, dümmste, störrischste und ungemütlichste Geschöpf, welches man sich denken kann.« Und auch über die Lautäußerungen des Wüstenschiffs wurde ein vernichtendes Urteil gefällt. So ist in »Meyers Konversationslexikon« von 1908 zu lesen: »Die Stimme ist ein hässliches Brüllen; von den Sinnen ist das Gehör wohl am besten ausgebildet, viel weniger das Gesicht und am mindesten der Geruch«, und in einem »Leitfaden der Zoologie« von 1912 wird die Stimme des »missgebildeten Geschöpfes« gar als »widerwärtig« eingestuft. Bereits deutlich differenzierter und sehr treffend äußert sich dann 1927 der deutsche Reiseschriftsteller Kurt Faber: »Seltsame, unergründliche Stimme des Wüstenschiffes! Ihm steht die ganze Tonleiter zur Verfügung, zum Ausdruck seiner Gefühle. Es kann knurren, brummen, es kann stöhnen wie ein Mensch, plärren wie ein Schaf und schreien wie ein wildgewordenes Pferd. Kniend empfängt es seine Ladung und schreit dabei schon, wenn man ihm nur einen Strick überwirft, mit dem man die Last befestigen will. Mit steinerweichendem Stöhnen quittiert es den Empfang der Last.«

In der Brunftzeit werden Dromedarhengste richtig laut.

So richtig laut werden Dromedare allerdings während der Brunft, wenn die Kamelhengste um die Stuten kämpfen. Bei den oft äußerst aggressiv geführten Kämpfen, bei denen die Dromedarhengste nicht nur kräftig beißen, sondern auch versuchen, sich gegenseitig mit den Hälsen niederzudrücken, wird nämlich nicht nur lauthals gebrüllt, sondern auch drohend geblökt und gegurgelt und dazu noch wild mit den Zähnen geknirscht. Zu den Drohgebärden gehört auch der Einsatz des sogenannten Brüllsacks, des Gaumensegels, der im Augenblick der größten Erregung wie ein Luftballon aus dem Maul hervortritt. Damit kann man unter Dromedarmännern nun wirklich Eindruck schinden.

Nilpferd

Hippopotamus amphibius

Track 12

»Dabei ließ es einen Ton oder vielmehr Töne hören, welche gar nicht zu beschreiben sind. Das war kein Schnaufen mehr, kein Schnauben, kein Grunzen, kein Brüllen, und doch war es das alles und noch viel mehr als das.« So beschreibt der Vater aller deutschen Abenteuerromane, der Reiseschriftsteller Karl May (1842–1912) in seinem Orientroman »Im Lande des Mahdi III« die Geräusche, die ein wütender Nilpferdbulle in höchster Erregung so von sich gibt. Allerdings wissen wir heute, dass May zwar der auflagenstärkste deutschsprachige Autor seiner Zeit war, aber zumindest als er seinen Roman schrieb, noch nie ein Nilpferd in freier Wildbahn gesehen hatte. Was ist also tatsächlich dran am angeblich so außergewöhnlichen Gebrüll der gewaltigen Tiere? Richtig ist, dass ein wütendes Nilpferd in der Tat ein tiefes nachhallendes Brüllen produzieren kann, das kilometerweit zu hören ist. Untereinander verständigen sich die Tiere eher mit grunzenden, bellenden und vor allem schnaufenden Geräuschen. Aber auch Infraschalllaute (S. 8), die die amphibisch lebenden Tiere sowohl an Land als auch unter Wasser ausstoßen, spielen eine wichtige Rolle bei der Kommunikation.

Man darf sich übrigens vom behäbigen Erscheinungsbild der doch sehr plump wirkenden Tiere nicht täuschen lassen. Nilpferde gehören zu den gefährlichsten Tieren Afrikas. Und vor allem Nilpferdbullen reagieren äußerst aggressiv auf Menschen, die es wagen, in ihr Territorium einzudringen, und können ihren Opfern mit ihren bis zu 50 cm langen, messerscharfen Eckzähnen fürchterliche Wunden zufügen. Nach Schätzungen von Experten fallen Nilpferden – sieht man einmal von den krankheitsübertragenden Insekten ab – mehr Menschen zum Opfer als jeder anderen Tierart.

Das Brüllen eines Nilpferdes ist oft kilometerweit zu hören.

Esel

Equus asinus

Track 13

Dumm, störrisch und faul soll er sein. Kaum einem Haustier werden so viele negative Eigenschaften nachgesagt wie dem Esel. Schaut man sich die Grautiere mit den langen Ohren jedoch etwas genauer an, bleibt von diesen Vorurteilen nur wenig übrig. Ganz im Gegenteil: Esel sind intelligent, haben ein gutes Gedächtnis und lernen schnell. Und auch die viel zitierte Sturheit der Esel hat nichts mit Faulheit oder gar mangelnder Intelligenz zu tun. Die Tiere denken vielmehr in ungewohnten Situationen offensichtlich einfach etwas genauer nach, bevor sie sich zu übereilten Handlungen hinreißen lassen, die ihnen womöglich schaden könnten – und das braucht eben manchmal seine Zeit.

Esel können sehr laut und durchdringend schreien.

Esel arbeiten schon seit vielen Jahrtausenden im Dienste des Menschen. Nicht nur als Arbeitstiere, sondern auch zur Fleischerzeugung, zur Lederherstellung und sogar als »Herdenschutzesel« mussten die Langohren in vielen Regionen herhalten. Allerdings werden die äußerst zähen und ausdauernden Tiere heute nur noch in einigen südlichen Ländern als Transport- oder Reittiere eingesetzt, denn fast überall haben mittlerweile Maschinen den Job der tierischen Dienstleister übernommen.

Bei uns in Deutschland werden Esel heute nur noch vereinzelt als sogenannte Liebhabertiere gehalten. Aber selbst fanatische Eselliebhaber sollten stets bedenken, dass die Langohren nur bedingt für das Dorf- und schon gar nicht für das Stadtleben tauglich sind, denn vor allem Eselshengste können sehr laut und durchdringend schreien. Das röhrende »ii-aaa«, mit dem die Tiere nach ihren Artgenossen rufen oder auf eine Gefahr hinweisen, ist leider vor allem nachts oft kilometerweit zu hören.

Und bedauerlicherweise gelten Eselschreie in Deutschland als »nicht ortsüblich«, wie das in bestem Juristendeutsch heißt, sodass genervte Nachbarn mit guten Aussichten auf Erfolg vor Gericht einklagen können, dass der vierbeinige Störenfried schleunigst wieder entfernt wird.

Kalifornischer Seelöwe

Zalophus californianus

Track 14

Kalifornische Seelöwen gehören in jedem Zoo zu den absoluten Favoriten. Kaum eine andere Tierart ist für Zoobesucher so attraktiv wie die gelehrigen und verspielten Meeressäuger, die stets ein fröhlich klingendes Bellen auf den zugegebenermaßen stark nach Hering stinkenden Lippen haben.

Aber nicht überall kann man dem Gebell der Meeressäuger etwas abgewinnen. So treibt zur Zeit im kalifornischen Badeort Newport Beach eine Horde randalierender Seelöwen die Bevölkerung zur Verzweiflung. Die beflossten Nervensägen bringen die Bewohner nämlich nicht nur durch ihr unerträglich lautes nächtliches Gebell um den verdienten Schlaf, sondern zerkauen auch gerne Surfbretter, stinken fürchterlich und haben offensichtlich eine Vorliebe, sich öfters an den unpassendsten Plätzen zu übergeben. Einige Segelboote haben die Tiere auch gleich versenkt. Dabei versuchen die »Pittbulls mit Flossen«, wie die Seelöwen mittlerweile von der genervten Bevölkerung genannt werden, mit dem ohrenbetäubenden Lärm eigentlich nur ihr Revier zu verteidigen, das sich eben dummerweise mit dem »Lebensraum« der Menschen von Newport überschneidet.

Die Möglichkeiten, der Plage Herr zu werden, halten sich deutlich in Grenzen, denn beim Kalifornischen Seelöwen handelt es sich um eine geschützte Art, und deshalb ist die »Belästigung und Verfolgung« der Tiere strengstens untersagt. Bisher hatten jegliche artenschutzgerechten Bemühungen der zuständigen Behörden, die unerwünschten Gäste wieder loszuwerden, völlig versagt. Hoffnung verspricht nun offensichtlich eine wasserspeiende »Seelöwenscheuche«. Erste Versuche waren jedenfalls vielversprechend.

Seelöwenbullen verteidigen ihren Harem oft sehr lautstark.

Seehund

Phoca vitulina

Track 15

Schon so mancher Nordseeurlauber hat es beobachtet: Ein kleiner Seehund liegt am Strand und heult laut und wahrlich gotterbärmlich vor sich hin. Schlussfolgerung: Der sogenannte Heuler ist ein Welpe, der seine Mutter durch Tod oder Sturm verloren hat oder aber von der Mutter wegen Krankheit oder Missbildung verstoßen wurde. Doch bei dem für uns Menschen so herzzerreißend klingenden Geheul des Seehundbabys handelt es sich keineswegs, wie oft angenommen, um Klagelaute. Der kleine Seehund versucht vielmehr, mit lauter Stimme den Kontakt zu seiner Mutter wiederherzustellen, auf die er zum Überleben dringend angewiesen.

Allerdings muss die Trennung Mutter–Kind nicht immer dauerhaft sein: So kann es durchaus sein, dass die Mutter sich auf Futtersuche befindet oder lediglich wegen einer Störung, zum Beispiel durch Touristen, die den scheuen Tieren zu nahe auf den Pelz gerückt sind, vorübergehend ins Wasser gegangen ist.

Der Anblick der kleinen, vermeintlich schnöde verlassenen Seehunde, die nicht nur wegen ihrer großen Augen in idealem Maße dem sogenannten Kindchenschema entsprechen, erweckt natürlich sofort das Mitleid eines jeden Strandwanderers. Aber Vorsicht: Wird das Jungtier berührt oder gestreichelt, wird die Mutter, die sich oft ganz in der Nähe befindet, das mit Menschengeruch behaftete Junge mit großer Wahrscheinlichkeit nicht mehr akzeptieren!

Mitte der 1970er-Jahre wurden wegen des drastischen Rückgangs der Seehundpopulationen in der Nordsee feste Seehund-Aufzuchtstationen zur Aufnahme von Heulern entlang der Nordseeküste errichtet.

In den letzten Jahren ist der Sinn solcher Pflegeanstalten sehr kontrovers diskutiert worden. So bemängelten Kritiker vor allem, die Aufnahme der Heuler in die Aufzuchtstationen würde die natürliche Selektion außer Kraft setzen, wodurch wiederum langfristig der Fitnesszustand der Wildpopulationen geschwächt werde.

In der Seehundstation Friedrichskoog, der einzigen autorisierten Aufnahmestelle für verlassen oder erkrankt aufgefundene Seehunde in Schleswig-Holstein, gelten daher strenge Regeln. Es werden nur Heuler aufgenommen, die ihre Mutter auch tatsächlich verloren haben und auch überlebensfähig sind, sodass sie nach einer angemessenen Zeit, wenn sie ein bestimmtes Gewicht und ausreichend Widerstandskraft erlangt haben, wieder ausgewildert werden können. Insgesamt dauert die Aufzucht der Heuler rund zwei bis drei Monate. Am Anfang bekommen die Seehundbabys täglich rund ein halbes Dutzend mal das Fläschchen, das eine sehr fetthaltige Milch sowie gelöste Mineralstoffe enthält. Nach etwa einer Woche wird die Nahrung dann peu à peu auf Fisch umgestellt, und bald verputzen die Minirobben rund 2–3 kg Hering am Tag. Im nächsten Schritt üben sie, in ihrem Becken selbstständig Fische oder Krabben zu erbeuten. Und damit die Seehunde vor der Entlassung in die Freiheit auch lernen, mit Gegenströmungen fertig zu werden, wurde ihr Auswilderungsbecken sogar mit einer Gegenstromanlage ausgerüstet. Damit sich die Tiere nicht zu sehr an Menschen gewöhnen, haben Besucher der Seehundstation Friedrichskoog keinen Zutritt zum »Heulertrakt«. Seit Inbetriebnahme der Station vor über 20 Jahren wurden in Friedrichskoog über 500 Heuler aufgezogen und wieder ausgewildert.

Am Strand gefundene kranke bzw. unterentwickelte Babyseehunde, die auch in der freien Natur keine Überlebenschance hätten, werden dagegen von sogenannten Seehundjägern tierschutzgerecht getötet. Der Begriff Seehundjäger ist dabei etwas irreführend, da veraltet. Jagten diese früher Seehunde, um Speck, Fleisch und Felle der Meeressäuger zu verwerten, sind sie heute staatlich bestellte Jagdaufseher, die im Nationalpark Wattenmeer für die Hege der Seehunde, aber auch für Umweltbeobachtung und Informations- und Aufklärungsarbeit verantwortlich sind. Nur staatlich bestellte Seehundjäger sind berechtigt, Heuler aufzunehmen und an die Station zu übergeben.

Andere Länder andere Ansätze: Während man sich in Dänemark seit 1993 aufgrund der oben angeführten Risiken für die wild lebenden Seehundpopulationen – in Absprache mit den dänischen Tierschutzverbänden – entschlossen hat, überhaupt keine Heuler mehr aufzuziehen, sondern generell zu töten, werden in den Niederlanden auch kranke Jungtiere eingesammelt und aufgezogen.

Junge Seehunde entsprechen in nahezu idealem Maße dem »Kindchenschema«.

Tüpfelhyäne

Crocuta crocuta

Track 16

Eigentlich ist es eher ein lautes Kichern als ein Lachen, das der Tüpfelhyäne den volkstümlichen Beinamen »Lachende Hyäne« eingebracht hat. Das Hyänengekicher ist jedoch nicht etwa auf einen ausgeprägten Humor der massigen Tiere mit dem gewaltigen Kiefer zurückzuführen. Nein, im Gegenteil, Hyänen kichern, wenn sie sich fürchten und sich zum Beispiel von einem stärkeren Artgenossen bedrängt fühlen. Frei übersetzt bedeutet das Kichern nichts anderes als ein bittend vorgetragenes »Lass mich gefälligst in Ruhe!«.

Ihr Kichern hat den Tüpfelhyänen den Beinamen »Lachende Hyäne« eingebracht.

Die bis zu 85 kg schweren, braun gepunkteten Raubtiere, die anders als ihr Ruf als Aasfresser vermuten lässt, echte Räuber sind, besitzen generell ein umfangreiches Lautrepertoire. So wird zur Begrüßung geächzt oder sanft gequiekt, in aggressiver Stimmung gegrunzt und kurz vor dem Biss, sozusagen als letzte Warnung, verlässt ein dumpfes Grollen die Kehle der Räuber, die gelegentlich auch schon Menschen angegriffen haben. Und auch beim Sex oder bei den regelmäßig stattfindenden Revierkämpfen können Hyänen einen Höllenlärm veranstalten. In den bis zu 70 Individuen starken Familien haben Männer übrigens rein gar nichts zu melden – hier herrscht das Matriarchat. Insbesondere beim Fressen müssen die Herren stets den Damen den Vortritt lassen, da in der strengen Hyänenhierarchie selbst das ranghöchste Männchen noch unter dem rangniedrigsten Weibchen steht.

In den diversen afrikanischen Naturreligionen spielen Tüpfelhyänen eine große Rolle. So sollen die gefleckten Räuber nicht nur magische Kräfte haben, sondern auch Hexen auf ihrem Rücken reiten lassen. In Borno, einem Bundesstaat im Nordosten Nigerias, glauben noch heute viele Menschen an sogenannte Werhyänen – Menschen, die sich bei Vollmond in eine Hyäne verwandeln.

Erdmännchen

Suricata suricatta

Track 17

Erdmännchen alarmieren die Mitglieder ihres Clans mit unterschiedlichen Warnrufen.

Bei den Erdmännchen, in Großfamilien lebenden, kleinen Schleichkatzen, die in der Kalahariwüste im südlichen Afrika zu Hause sind, herrscht innerhalb der Familie eine klare Aufgabenteilung. Und eine der wichtigsten dieser Aufgaben besteht darin, Wache zu schieben, damit die anderen Mitglieder des Clans ihrer normalen Alltagsbeschäftigung nachgehen können, ohne sich ständig nach Fressfeinden umsehen zu müssen. Während die anderen Familienmitglieder also auf Nahrungssuche sind, sich um den Nachwuchs kümmern oder es sich einfach nur gemütlich machen, sitzen einzelne Tiere aufrecht auf ihren Hinterbeinen und beobachten sehr genau die nähere Umgebung. Endecken diese Wächter etwas Ungewöhnliches, richten sie sich zunächst zwecks besserer Sicht noch höher auf, wobei sie sich mit ihrem Schwanz abstützen, und setzen dann – je nach Einschätzung der Situation – sofort ihre Artgenossen mit einem Alarmruf über die möglicherweise drohende Gefahr in Kenntnis. Für die restlichen Familienmitglieder ist dies das Zeichen, blitzschnell in ihre unterirdischen Bauten zu verschwinden.

Bei den Warnrufen der Wächter handelt es sich keineswegs um völlig unspezifische Hilfeschreie. Nein, der Alarm informiert die Artgenossen vielmehr äußerst präzise über die jeweils drohende Gefahr, denn dank der Tatsache, dass den Tieren mehr als zehn unterschiedliche Lautäußerungen (z. B. bellen, knurren, glucksen oder gurren) zur Verfügung stehen, können die Wächter nicht nur genaue Angaben über die Art des Feindes machen, sondern dem Rest der Gruppe darüber hinaus ihre subjektive Einschätzung der Gefahr übermitteln. Die Wächter können den restlichen Tieren der Kolonie genau signalisieren, ob es ein Schakal, eine Schlange oder ein Adler – also einer der drei Hauptfeinde der Erdmännchen ist –, der gerade angreift.

Zusätzlich können die Wächter, wie die amerikanische Biologin Martha Manser herausfand, ihren Artgenossen über unterschiedliche Rufe mitteilen, ob das Bedrohungspotenzial hoch, mittel oder tief ist. So sind sogenannte »low urgency calls« also Alarmrufe, die ein niedriges Bedrohungspotenzial anzeigen, eher leise, harmonisch, während die sogenannten »panic calls«, die eine unmittelbare Bedrohung, zum Beispiel einen anfliegenden Raubvogel, signalisieren, in etwa wie ein scharfes, schrilles Hundegebell klingen.

Hauskatze

Felis silvestris f. *catus*

Track 18

Es gibt wohl kein Geräusch auf der Welt, das ein Gefühl wohliger Behaglichkeit besser zum Ausdruck bringt, als das zufriedene Schnurren einer Katze auf dem Schoß ihres Besitzers. Zumindest Katzenliebhaber sehen das so. Katzen können in nahezu allen Tonlagen schnurren – mal sind die Schnurrgeräusche hoch, mal tief, mal leise, mal laut, mal kurz und dann wieder ausdauernd lang. Übrigens kann man das Schnurren nicht nur hören, sondern auch als Vibration am Körper der Katze fühlen.

Aber was versteht man denn eigentlich unter dem Begriff Schnurren? Im Großen Duden wird Schnurren als »ein anhaltendes, verhältnismäßig leises, tiefes, gleichförmiges summendes, aus vielen kurzen, nicht mehr einzeln wahrnehmbaren Lauten bestehendes Geräusch von sich geben« definiert. Eher technisch orientierte Wissenschaftler definieren Schnurren als »ein niederfrequentes (27 bis 44 Hz), gleichmäßig vibrierendes Geräusch, das Katzen in bestimmten Situationen erzeugen«.

Und warum schnurren Katzen? Die allermeisten Katzen schnurren, wenn es ihnen gut geht und sie glücklich und zufrieden sind. So signalisiert z. B. eine Katzenmutter mit sanftem Geschnurr ihren Jungen, dass die Katzenwelt in Ordnung ist und keinerlei Gefahr droht, und die Kätzchen wiederum bestätigen der Mutter durch Schnurren, dass es ihnen auch gut geht. Nicht immer jedoch weist ein Schnurren auf eine glückliche und zufriedene Katze hin. So schnurren Katzen durchaus auch, wenn sie starkem Stress ausgesetzt sind, sich fürchten – etwa beim Tierarzt –, oder große Schmerzen haben, sodass einige Wissenschaftler der Ansicht sind, dass das Schnurren manchmal eben einfach auch der eigenen Beruhigung dient. Viele Katzenhalter sind obendrein davon überzeugt, dass kranke Katzen »ihren« Menschen mit ihrem sanften Gebrumm einfach nur mitteilen wollen, dass es ihnen nicht gut geht und sie der Hilfe ihres »Dosenöffners« bedürfen.

Auch wie und womit Katzen schnurren, ist bis heute eines der zahlreichen ungeklärten Katzengeheimnisse. Die moderne Wissenschaft bietet gleich mehrere Hypothesen an, wie die sanften Brummtöne der Spitzohren produziert werden.

So vertreten einige Wissenschaftler die Meinung, Schnurren entstehe durch Reibung der Atemluft am Zungenbein, während andere davon überzeugt sind, die »falschen Stimmbänder«, zwei Hautfalten, die hinter den echten Stimmbändern der Katze liegen, würden beim Atmen in Schwingung versetzt.

Andere Wissenschaftler wiederum vermuten, dass das Schnurren durch Blutwallungen in der hinteren Hohlvene, die das Blut aus dem Körper zum Herzen leitet, resultiert. Da die Vene das Zwerchfell durchläuft, wird der Blutstrom dort durch Muskelbewegungen zusammengepresst. Dadurch sollen – so die Theorie – Schwingungen entstehen. Diese Theorie ist jedoch mehr als fragwürdig, denn unter diesen Voraussetzungen müssten auch Hunde oder sogar Menschen schnurren kön-

nen. Die zur Zeit favoritisierte Hypothese geht davon aus, dass das Schnurren das Ergebnis rhythmischer Impulse aus dem Kehlkopf der Katze ist, die durch die Bronchien und den Kehlkopf noch verstärkt werden.
Die Fähigkeit von Katzen, selbst schwere Verletzungen zu überleben, ist lange bekannt. Nicht umsonst spricht man von den sieben (in England sind es sogar neun) Leben, die eine Katze besitzen soll. Vor Kurzem sind nun amerikanische Wissenschaftler zumindest einem Teil dieser legendären Überlebenskraft der Katzen auf die Spur gekommen. Die Forscher haben nämlich herausgefunden, dass die Samtpfoten durch das Schnurren und die dadurch ausgelöste Vibrationen die Heilung verletzter Knochen und Gelenke massiv unterstützen. Diese Erkenntnis deckt sich mit der Tierärzten schon seit geraumer Zeit bekannten Tatsache, dass Knochenbrüche bei Katzen deutlich schneller und auch besser verheilen als beispielsweise bei Hunden. Zirkuliert doch in Veterinärmedizinerkreisen schon lange das Sprichwort: »Wenn man eine Katze und einen Haufen gebrochener Knochen nebeneinander stellt, heilen die Knochen.«
Geht es nach den US-Forschern, gibt es Schnurren bald auf Rezept, denn die niederfrequenten Vibrationen, die die Samtpfoten dabei erzeugen, können nach Ansicht der Wissenschaftler durchaus auch das Knochenwachstum von Menschen fördern und so bei Verletzungen des Skelettapparats zu einer schnelleren Heilung von Brüchen beitragen. So könnte zum Beispiel eine »Schnurrtherapie« bei bettlägerigen Patienten dem Verlust von Calcium und der Schwächung der Knochen vorbeugen oder aber dem Auftreten von Osteoporose bei Frauen entgegenwirken. Und selbst Astronauten könnten vom Katzengeschnurr profitieren – in der Schwerelosigkeit geht nämlich die Knochendichte zurück. Übrigens: Einer Katze ist es möglich, gleichzeitig zu miauen und zu schnurren.

Die meisten Katzen schnurren, wenn sie sich wohlfühlen.

Löwe

Panthera leo

Track 19

»Gut gebrüllt, Löwe«, heißt es bereits in Shakespeares berühmtem Stück »Ein Sommernachtstraum«. Und in der Tat: Neben seiner prächtigen Mähne war es wohl vor allem sein furchterregendes Gebrüll, das dem Löwen den Titel »König der Tiere« eingetragen hat.

Das Gebrüll eines Löwen kann sehr furchteinflößend sein.

Löwen brüllen vor allem am Abend und in der Nacht. Oft ist das Gebrüll dabei so laut, dass man es mehrere Kilometer weit hören kann. Meist sind es die Männchen, die so akustisch ihr Revier markieren möchten. Aber das Brüllen ist nicht nur den Herren der Schöpfung vorbehalten. Wenn Löwen z. B. Feinde vertreiben wollen, dann brüllen alle Tiere des Rudels gemeinsam – und das schließt sogar die Welpen mit ein.

Und wie kommt das fürchterliche Gebrüll der Löwen zustande? Um diese Frage zu beantworten, muss man zunächst einmal die nähere Verwandtschaft des größten Raubtiers Afrikas etwas genauer betrachten: Löwen gehören nämlich zusammen mit Jaguar, Leopard, Nebelparder, Schneeleopard und Tiger zu den sogenannten Großkatzen, die sich von ihren kleineren Verwandten durch den Aufbau ihres Zungenbeins unterscheiden. Das Zungenbein der Großkatzen besitzt nämlich im Gegensatz zu den sogenannten Kleinkatzen, bei denen es vollständig verknöchert ist, einen elastischen Abschnitt. Dieser winzige Unterschied – so zumindest die Theorie – hat eine erstaunliche Auswirkung auf die Lautäußerung: Die Großkatzen können diesen elastischen Abschnitt nämlich dehnen und so ihr charakteristisches Gebrüll erzeugen.

Diese Erklärung ist jedoch nicht unumstritten. So weisen neuere Studien darauf hin, dass die Fähigkeit zu brüllen auf andere anatomische Besonderheiten, vor allem wohl auf die extreme Dehnbarkeit des Kehlkopfes zurückzuführen ist. Schneeleopard und Nebelparder besitzen diese Merkmale nämlich nicht und können auch nicht brüllen.

Wolf

Canis lupus

Track 20

»Wer bei den Wölfen sein will, muss mit ihnen heulen«, wusste schon der große deutsche Reformator Martin Luther. Für manche Menschen klingt es schauderhaft, für viele Naturfreunde ist dagegen das Wolfsgeheul nichts anderes als der lockende »Ruf der Wildnis«. Aber warum heulen Wölfe eigentlich? Das berühmt-berüchtigte Wolfsgeheul hat gleich mehrere Funktionen: In erster Linie dient es dazu, das Zusammengehörigkeitsgefühl im Rudel zu stärken und anderen Wolfsrudeln zu signalisieren, wer in einem Jagdrevier das Sagen hat. Aber es wird auch geheult, um einen Paarungspartner anzulocken, sich gemeinsam auf die bevorstehende Jagd einzustimmen oder um ein verstreutes Rudel wieder zusammenzuführen. Und der geradezu sprichwörtlich einsame Wolf hofft natürlich, mit seinem Geheul Anschluss an ein Rudel zu finden.

Aber nicht immer gibt es für das Geheule einen handfesten Anlass – offensichtlich heult Meister Isegrim ab und an einfach nur zu seinem Vergnügen.

Das Geheul europäischer Wölfe unterscheidet sich übrigens deutlich von dem Heulen nordamerikanischer Wölfe. Sie heulen sozusagen in einem anderen Dialekt. Und auch jeder einzelne Wolf heult mit einer ganz individuellen Stimme, anhand derer er von seinen Clanmitgliedern leicht identifiziert werden kann.

Bei idealen Wetterbedingungen ist das Geheul eines Rudels über 15 km weit zu hören.

Auch einsame Wölfe heulen nicht den Mond an.

Entgegen einem weit verbreiteten und sich äußerst hartnäckig haltenden Glauben, heulen übrigens selbst die einsamsten Wölfe nicht den Mond an. Zahlreiche wissenschaftliche Untersuchungen zeigen deutlich, dass die Häufigkeit des Heulens keinesfalls mit den Mondphasen zusammenhängt.

Im Gegensatz zu ihren domestizierten Verwandten, den Haushunden, bellen erwachsene Wölfe relativ selten, z. B. um Rudelmitglieder zu warnen.

Kojote

Canis latrans

Track 21

Was beim unerfahrenen Greenhorn eine Gänsehaut hervorruft, ist für den erfahrenen Outdoorfreak und Liebhaber der nordamerikanischen Wildnis das wahre Lied des Wilden Westens: das nächtliche Geheul der Kojoten. Mit den lang gezogenen, hellen Heultönen grenzen die männlichen Tiere ihr Revier gegenüber Rivalen ab. Geheult wird aber auch, um mit den Artgenossen in der näheren Umgebung in Kontakt zu treten bzw. zu bleiben. Zu hören sind die Tiere, die früher auch gerne als »Heulwölfe« bezeichnet wurden, übrigens das ganze Jahr hindurch, wobei das Geheul im Frühling zur Paarungszeit und im Herbst, wenn die jungen Kojoten ihre Familie verlassen und neue Gebiete für sich beanspruchen, am häufigsten zu hören ist. Den Mond heulen Kojoten – allen einschlägigen Zeichnungen und Karikaturen zum Trotz – genau so wenig an wie Wölfe (S. 35).

Gebellt wird dagegen, wenn es gilt, den Bau oder aber ein erbeutetes Tier gegen Konkurrenten zu verteidigen. Auf diese Art der Lauterzeugung weist übrigens bereits der wissenschaftliche Name des Kojoten, *Canis latrans* (= lat.: bellender Hund), hin.

Wenn junge Kojoten miteinander spielen, ist häufig auch ein helles Kläffen zu hören. Muttertiere dagegen rufen ihre Welpen mit einem leisen, schnüffelnden Geräusch, wenn sie es vermeiden wollen, unnötige Aufmerksamkeit von Fressfeinden auf sich und ihre Jungen zu ziehen.

In letzter Zeit tauchen auch in den amerikanischen Großstädten vermehrt Kojoten auf, wartet hier doch nahrungstechnisch gesehen ein regelrechtes Schlaraffenland auf die ewig hungrigen »Präriewölfe«. Die Tiere müssen sich nur bedienen, denn aus Mülltonnen, Komposthaufen, aber auch aus Häusern und unbewachten Autos kann man schließlich genügend kulinarische Köstlichkeiten abstauben. So haben die hundeartigen Raubtiere mittlerweile bereits Chicago, New York und sogar die Bundeshauptstadt Washington D. C. erobert. Gern gesehene Gäste sind die Raubtiere in der Großstadt jedoch keineswegs, denn oft sorgen die »Wölfe« dort für Angst und Schrecken. Die Großstädter werden jedoch lernen müssen, sich mit den sandfarbenen Raubtieren zu arrangieren, denn die Experten sind sich einig: »Wo Kojoten einmal angekommen sind, wird man sie nie wieder los.«

Der Kojote wurde früher auch als »Heulwolf« bezeichnet.

Waschbär

Procyon lotor

Track 22

Wenn in Kassel die Abenddämmerung hereinbricht, werden sie aktiv: Kleine Bären klettern aus Dachluken, Kaminen und Gartenhäuschen und begeben sich auf Nahrungssuche. Für die Bewohner der nordhessischen Stadt ist dies nichts Ungewöhnliches mehr, denn der Waschbär hat Kassel längst erobert.
Wie aber kommen Waschbären, die eigentlich in Nordamerika zu Hause sind, nach Hessen? Ganz einfach: 1934 wurden zwei Pärchen der pelzigen Amerikaner zur »Bereicherung der heimischen Fauna« am Edersee ausgesetzt, und deren Nachkommen besiedelten rasch die nordhessischen Wälder. Besonders wohl fühlen sie sich jedoch offenbar in Kassel, das sich mittlerweile längst zur »Waschbärenmetropole Europas« entwickelt hat. In der Stadt findet der äußerst anpassungsfähige Allesfresser alles, was er braucht, auf engstem Raum im Überfluss: Unterschlupf bieten Dachböden, Nahrung steht ausreichend in Gärten und Mülltonnen zur Verfügung
Haben sich dämmerungsaktiven Bären mit der charakteristischen schwarzen Gesichtsmaske erst einmal im Dach eingenistet, entwickeln sie sich zur echten Plage, denn sie hinterlassen dort meist ein Schlachtfeld aus Nahrungsresten, angeknabberten Möbeln und Kot. Das Nervigste ist jedoch der Höllenlärm, den die Waschbären regelmäßig nachts auf den Dachböden veranstalten, verfügen die kleinen Lärmterroristen doch über ein umfangreiches Lautrepertoire. Wissenschaftler haben 13 unterschiedliche Laute registriert, mit denen sich Waschbären verständigen können. Da wird gekeckert, gefiept, getrillert, geschnirkt und geschnurrt. Kommt es zu Revierkämpfen der Männchen, ist meist zu Beginn ein wütendes Knurren und Fauchen zu hören, das dann während der eigentlichen Kampfhandlungen in ein ohrenbetäubendes Kreischen übergeht. Und das bringt dann selbst den duldsamsten Hausbesitzer auf die Palme.

Waschbären haben bereits seit längerer Zeit die hessischen Städte erobert.

Grizzly

Ursus arctos horribilis

Track 23

Nein, das Gebrüll des Grizzlys, mit dem der Westernheld Old Shatterhand in einen Kampf auf Leben und Tod verwickelt wurde, hat so gar nichts gemein mit dem sanften Brummen, das wir via Mattscheibe von kuscheligen Bären wie Knut, Flocke und anderen beliebten Bärenprotagonisten gewohnt sind: »Ich kam mit jedem Sprunge, den ich tat, näher; jetzt hörte ich die Stimme des Bären, oder vielmehr nicht die Stimme, denn auch dadurch, dass es keine Stimme hat, unterscheidet sich dieses gewaltige Tier von den andern Bärenarten; es brummt nicht, sondern sein einziger Laut in Zorn oder Schmerz ist ein eigentümliches, lautes und rasches Schnauben und Fauchen«, beschreibt der wohl berühmteste deutsche Abenteuerschriftsteller des 19. Jahrhunderts, Karl May, in »Winnetou I«, seinem wahrscheinlich meistgelesenen Werk, die Geräusche, die ein ziemlich verärgerter männlicher Grizzlybär verursacht.

Ein wütender Grizzly lässt oft ein markerschütterndes Gebrumm hören.

Und in der Tat ist nicht nur der Anblick eines wütenden, auf den Hinterbeinen stehenden Grizzly mit einer Größe von über 3 m und einem Kampfgewicht von bis zu 600 kg äußerst beängstigend. Auch das markerschütternde Gebrumm, Geschrei und Geschnaube, das ein gereizter Bär von sich gibt, kann dem nahen Beobachter durchaus das Blut in den Adern gefrieren lassen.

Das schlechte Image des Grizzlys, der ja eigentlich zumindest zum überwiegenden Teil Vegetarier ist, ist meist darauf zurückzuführen, dass eine Bärin ihre Jungen oder ein männlicher Bär sein Revier gegenüber als zudringlich empfundenen Menschen massiv verteidigt. Und in der Tat gab es in der Vergangenheit einige Bärenattacken mit tödlichem Ausgang. Allein in British Columbia wurden zwischen 1985 und 2003 fünf Menschen von Grizzlys getötet und über mehr als Hundert weitere verletzt.

Übrigens: Wenn sie friedlich gestimmt sind, unterhalten sich die Bären untereinander mit einem sanften Brummen.

Großer Panda

Ailuropoda melanoleuca

Track 24

Der große Panda ist eine der bekanntesten und wegen ihres niedlichen Aussehens zugleich auch beliebtesten Tierarten unseres Planeten. Als Wappentier des World Wildlife Fund wurden die vom Aussterben bedrohten Bambusbären mittlerweile weltweit geradezu zum Symbol für den Natur- und Artenschutz. So richtig laut werden die sonst eher als äußerst scheu und leise bekannten Pandabären nur in der Brunftzeit, denn dann versuchen die Pandamännchen, durch heftiges und lautes Gebrüll die Damenwelt auf sich aufmerksam zu machen und ihre Paarungswilligkeit zu demonstrieren. Die Pandaweibchen ihrerseits zeigen dem Männchen im Gegenzug durch verführerische Düfte und leises Stöhnen, dass sie einem Schäferstündchen nicht abgeneigt sind.

Aber Brüllen und Stöhnen sind bei Weitem nicht die einzigen Laute im Repertoire der Pandas. Da gibt es noch Meckern, Blöcken, Bellen und sogar Miauen – immerhin elf verschiedene Laute wurden bisher bei den schwarz-weißen Bären registriert. Und die Wissenschaft hat noch viel zu lernen über die Sprache der Bambusbären.

Ein erster Schritt zur Entschlüsselung der Pandasprache wurde bereits im Jahr 2007 im Wiener Tiergarten Schönbrunn getan: »Akustische Kommunikation beim Großen Panda«, lautet der offizielle Titel eines Forschungsprojekts, mit dem sich Wissenschafter der Universität Wien drei Jahre lang beschäftigen werden. Im Mittelpunkt der Forschung steht dabei der kleine, am 23. August 2007 im Zoo geborene Panda Fu Long, der von den Wissenschaftlern bereits seit seinen ersten Lebenstag an belauscht wird. Mit Hilfe einer fest montierten Videokamera und parallel dazu geführten Tonbandaufnahmen versuchen die Forscher vor allem, den Geheimnissen der Mutter-Kind-Kommunikation bei Bambusbären auf die Spur zu kommen.

Bei Pandas wurden bisher 11 unterschiedliche Laute registriert.

Gewöhnliches Stachelschwein

Hystrix cristata

Track 25

Beim Gemeinen Stachelschwein handelt es sich trotz Namens und Aussehens weder um ein bestacheltes Borstentier noch um einen nahen Verwandten unserer Igel, sondern um ein eher mit den Meerschweinchen verwandtes Nagetier, das in West- und Nordafrika zu Hause ist.

Das äußerst anpassungsfähige Tier, das ein breites Spektrum unterschiedlicher Lebensräume bewohnen kann, führt, wie viele andere Nagetiere auch, ein streng nachtaktives Leben. Den Tag verbringt es dagegen in seinem unterirdischen Bau.

Auffälligstes Merkmal der Stachelschweine ist natürlich das dichte Stachelkleid, das aus bis zu 40 cm langen Stacheln besteht, die ihrerseits umgewandelte Haare sind. An der Schwanzspitze befinden sich einige hohle Stacheln, die bei Erregung geschüttelt werden, sodass ein rasselndes Geräusch entsteht, und die deshalb auch als»Rasselbecher« bezeichnet werden.

Stachelschweine können mit ihren Schwanzstacheln rascheln.

Fühlt sich ein Stachelschwein bedroht, richtet es zunächst drohend seine Stacheln auf, wodurch sich der Umfang des Tieres nahezu verdoppelt. Zusätzlich stampft es wütend mit den Füßen, knirscht mit den Zähnen, faucht und knurrt bedrohlich und, als ob das nicht genügen würde, rasselt es auch noch heftig mit seinen Schwanzstacheln. Zeigt sich der Gegner von diesem Sammelsurium an Drohgebärden immer noch nicht beeindruckt, machen die Stachelschweine ernst: Sie drehen dem Feind blitzschnell ihr Hinterteil zu und rennen mit affenartiger Geschwindigkeit rückwärts auf den Gegner zu und rammen ihn regelrecht mit ihren langen Hinterleibsstacheln. Bei dieser Attacke dringen dann meist einige der spitzen Stacheln tief ins Fleisch des Opfers ein. Die Stacheln sind zwar nicht giftig, können jedoch schmerzhafte Entzündungen hervorrufen, die dem Verletzten oft lange zu schaffen machen.

Entgegen sich hartnäckig haltender Gerüchte sind Stachelschweine übrigens nicht in der Lage, ihre Stacheln wie Pfeile auf einen möglichen Gegner abzuschießen.

Stachelschweine gibt es nicht nur in Afrika, sondern auch in Mittel- und Süditalien. Man geht heute davon aus, dass die Tiere von den Römern eingebürgert wurden, galt doch im alten Rom Stachelschweinbraten als Delikatesse.

Alpenmurmeltier

Marmota marmota

Track 26

Wenn man in den Alpen schrille Pfiffe hört, stammen sie mit großer Sicherheit vom wohl bekanntesten und beliebtesten Tier der alpinen Fauna, dem Murmeltier.

Mit den weithin hörbaren Pfiffen warnen die in Kolonien lebenden, äußerst scheuen Tiere ihre Artgenossen vor einer drohenden Gefahr, damit diese sich rechtzeitig in ihre schützenden, unterirdischen Baue flüchten können.

Für die lauschenden Artgenossen ist es dabei überlebenswichtig, die Warnpfiffe auch im Detail richtig interpretieren zu können. Verschiedene Bedrohungssituationen kündigen die pelzigen Alpenbewohner nämlich mit unterschiedlichen Pfiffen an. Ein einzelner lang gezogener Pfiff weist zum Beispiel auf eine unmittelbare Bedrohung, wie zum Beispiel einen Steinadler im Anflug hin, während mit etwa drei bis fünf Sekunden andauernden Pfiffserien den Artgenossen lediglich eine potenzielle Gefahr, etwa ein sich nähernder Wanderer, signalisiert werden soll.

Das Sicherheitsdenken der Murmeltiere geht jedoch nicht so weit, dass sie zur Bewachung der Kolonie spezielle »Wächter« aufstellen, wie dies etwa die afrikanischen Erdmännchen tun (S. 31). Diese fälschliche Behauptung, die sich noch in einigen älteren Biologenbüchern findet, beruht schlicht auf einer Fehlinterpretation des Ruheverhaltens der Tiere: Murmeltiere sitzen einfach gerne auf erhöhten Stellen wie Felsblöcken, und dieses Bild suggeriert dem Betrachter dann fälschlicherweise, das Tier hätte einen strategisch wichtigen Posten bezogen und halte nach Feinden Ausschau.

Übrigens: Genau genommen handelt es sich beim Murmeltierpfiff um gar keinen echten Pfiff, sondern um einen Schrei, denn der »Pfiff« wird nicht, wie beim Menschen, zwischen den Zähnen hervorgepresst, sondern in der Kehle gebildet und mit geöffnetem Mund ausgestoßen.

Das Murmeltier ist für seine Warnpfiffe wohlbekannt.

Biber

Castor fiber

Track 27

Der Schwanz eines Bibers ist ein regelrechtes Multifunktionsinstrument. Die »Kelle«, wie der rund 35 cm lange, abgeflachte Schwanz des größten europäischen Nagetiers in der Jagdsprache auch bezeichnet wird, erfüllt im Biberleben nämlich eine unglaubliche Menge unterschiedlichster Funktionen: Beim Schwimmen dient er nicht nur zur Unterstützung des Vortriebs, sondern auch zur Steuerung und als Abtauchhilfe. Nimmt der Biber eine sitzende Position ein, etwa beim Benagen von Bäumen, fungiert der Schwanz als stützendes Element.

Die »Kelle« des Bibers ist ein Multifunktionsinstrument.

Im Winter dient die Kelle als Fettspeicher, während sie im Sommer eine wichtige Funktion als Wärmeregulator innehat: Steigt das Thermometer nämlich deutlich über 20 °C, kann »Meister Bockert«, wie der Biber in der Fabel heißt, überschüssige Körperwärme einfach über den Schwanz ins Wasser abgeben. Und letztendlich dient die Biberkelle auch noch als Kommunikationsinstrument: Bei Gefahr klatscht der Biber nämlich mit dem Schwanz auf die Wasseroberfläche und warnt durch die entstehenden Geräusche seine Artgenossen, die sich so rechtzeitig in die sichere Biberburg flüchten können.

Der beschuppte Schwanz des Bibers und seine amphibische Lebensweise waren es auch, die es früher findigen Mönchen erlaubten, ein Schlupfloch in den strengen Geboten der Fastenzeit zu finden, in der der Verzehr von Fleisch zwecks »Reinigung der Sinne« strikt untersagt, Fisch als Fastenspeise jedoch ausdrücklich erlaubt war. So legitimierte der Jesuit Pierre-François-Xavier Charlevoix 1754 den Verzehr von Biberfleisch während der Fastenzeit mit dem Satz »Bezüglich seines Schwanzes ist der Biber ganz Fisch«. Also wurde das wohlschmeckende Säugetier Biber frei nach dem Motto »Wer schon fasten muss, soll wenigstens gut essen!« kurzerhand zum Fisch erklärt. Wurde der Biber einst wegen seines wertvollen Pelzes in Deutschland nahezu ausgerottet, ist der Bestand durch Wiederansiedlung heute wieder steigend.

Braunbrustigel

Erinaceus europaeus

Track 28

Wenn ein Igel zu Besuch im Garten ist, ist das laute Geschnüffel und Geschnaufe der Tiere kaum zu überhören. Aber Igel kennen auch noch andere Lautäußerungen: So werden zum Beispiel unliebsame Artgenossen kräftig angefaucht, während Jungtiere die nach ihrer Mutter rufen, eher zwitschernde Laute, ähnlich dem Gesang eines Vogels, von sich geben. Bei sehr starken Schmerzen oder in höchster Not können Igel auch richtig laut schreien. Diese Schreie erinnern dann an das durch Mark und Bein dringende Kreischen einer Eisensäge. Und noch etwas: Die Tischmanieren der ewig hungrigen Igel lassen schwer zu wünschen übrig. Wohl kaum ein Geschöpf seiner Größe verzehrt seine Nahrung mit derart lauten Schmatz- und Knackgeräuschen wie die kleinen Stacheltiere.
Mit Sicherheit am lautesten geht es bei Igeln jedoch eindeutig beim Sex zu. Bei der Paarung, die im späten Frühjahr stattfindet, wird derart laut geschnauft und geschnaubt, dass es für schlafende Menschen nicht immer eine reine Freude ist. Manchmal geben die kleinen Stacheltiere beim Liebesspiel aber auch Geräusche von sich, die an einen heftig schnarchenden(!) Menschen erinnern.
Aber wie paaren sich eigentlich Igel? »Sehr vorsichtig«, behauptet ein alter Witz. Und bereits der griechische Philosoph Aristoteles vermutete, das die Igelliebe eine verletzungsanfällige Angelegenheit sei und dass deshalb bei Igeln der Sex in der für Säugetiere so ungewöhnlichen »Missionarsstellung« stattfinden müsse. Heute weiß man, dass der Igelmann die Igelfrau ganz normal von hinten besteigt. Eine spezielle Igelanatomie verhindert, dass der Sex zu einer schmerzhaften Angelegenheit wird: Im Bereich der Fortpflanzungsorgane haben beide Geschlechter nämlich keine Stacheln.
Mit der Treue ist es bei Igelkreisen übrigens nicht weit her, halten die Igelherren doch bereits kurz nach der Paarung Ausschau nach neuen paarungsbereiten Damen.

Der Igel verzehrt seine Nahrung mit lauten Schmatz- und Knackgeräuschen.

Großer Abendsegler

Nyctalus noctula

Track 29

Für abergläubische Menschen sind sie mysteriös und unheimlich, Naturfreunde sind dagegen eher von ihren akrobatischen Flugkünsten in völliger Dunkelheit fasziniert – die Rede ist natürlich von Fledermäusen, den heimlichen Herrschern am nächtlichen Himmel.
Wenn man es genau nimmt, sehen Fledermäuse mit den Ohren, denn um sich auch in der Dunkelheit orientieren zu können, haben die dämmerungs- und nachtaktiven Fledermäuse ein perfektes Echoortungssystem entwickelt: Die Flattertiere stoßen während des Fluges laute Schreie im Ultraschallbereich aus und erkennen an den zurückgeworfenen Echos jedes Hindernis und jedes noch so kleine Beutetier. Mit dem körpereigenen Echolot verschaffen sich die Fledermäuse also sozusagen ein exaktes dreidimensionales Hörbild ihrer Umgebung. Das Echolotsystem mancher Nachtjäger ist dabei derart leistungsfähig, dass sie sogar Drähte mit einem Durchmesser von weniger als 0,1 mm (das entspricht dem Durchmesser eines menschlichen Haars!) wahrnehmen können.
Nun sind die Flattertiere nicht nur in der Lage, ihre Beute präzise zu lokalisieren, sondern auch zu identifizieren. Die Nachtjäger können per Echoortung nämlich genau erkennen, ob da vor ihnen ein dicker Käfer brummt oder nur eine zarte und wenig kalorienreiche Stechmücke um ihr Leben fliegt.
Die Ultraschalllaute werden von den Fledermäusen im Kehlkopf erzeugt und durch Nase oder Mund ausgestoßen. Zuvor werden die Schallwellen jedoch im Kehl- und Rachenraum verstärkt und gefiltert. Wie bereits erwähnt, liegen die Fledermausschreie – zum Glück für unsere Ohren – außerhalb der menschlichen Wahrnehmung, denn sie werden – etwa 10 cm vor dem Fledermausmaul gemessen – mit einer Lautstärke von 140 Dezibel und mehr ausgestoßen, das entspricht in etwa dem Lärm eines startenden Düsenflugzeugs!
Bei ihrer Jagd nach Insekten nutzen die Flattertiere meist Frequenzen zwischen 30.000 und 60.000 Hertz – das sind 30.000–60.000 Schwingungen pro Sekunde. Dabei hat jede Fledermausart ihre besondere Rufcharakteristik und nutzt bestimmte Frequenzbereiche. Menschen können diese Ultraschalltöne nicht wahrnehmen, da sie nur Töne bis zu einer Frequenz von 20.000 Hertz hören können, wobei diese Grenze mit zunehmendem Alter auch noch abnimmt. Lediglich die größte unserer heimischen Fledermausarten, der Große Abendsegler, ruft mit Tönen bis herab zu 18.000 Hertz und kann deshalb ab und an von Menschen mit gutem Gehör, zum Beispiel Kindern, gehört werden.
Einen gar nicht mal so kleinen Nachteil müssen die Echolotjäger jedoch während ihrer nächtlichen Beuteflüge in Kauf nehmen: Während die stets im Flug jagenden Fledermäuse an einem dicken Brocken kauen, können sie natürlich zumindest über den Mund keine Ultraschallwellen ausstoßen und sind daher vorübergehend orientierungslos. Anders ausgedrückt: Mit vollem Mund fliegt sich's schlecht. Da heißt es dann manchmal für jagende Fledermäuse, lieber erst einmal vor-

sichtig im Kreis zu fliegen, bis der dicke Käfer vollständig heruntergeschluckt ist.
Natürlich bedarf es speziell ausgebildeter Ohren, um die zurückkehrenden Echos der Ultraschallrufe wahrnehmen und auswerten zu können. So sind die Ohrmuscheln meist sehr groß, bei einigen Fledermausarten sogar fast so groß wie der gesamte Körper. Dazu kommt noch eine enorme Beweglichkeit der Ohrmuscheln. Fledermäuse können die Ohren sowohl drehen als auch neigen, wenn es darum geht, eine Schallquelle genau zu orten. Beide Ohren arbeiten übrigens unabhängig voneinander. Und auch das Innenohr ist an die spezielle Lebensweise der Fledermäuse angepasst. So besitzt die Hörschnecke sehr viele Windungen, wodurch eine deutlich differenziertere Frequenzanalyse als bei anderen Säugetieren möglich ist. Zusätzlich sind die akustischen Zentren in der Großhirnrinde bei einigen Arten stark vergrößert und spiegeln so die Bedeutung eines guten Gehörvorgangs für die Fledermäuse wider.
Um diese eigentlich lautlosen Rufe der Fledermäuse im Ultraschallbereich auch für menschliche Ohren hörbar zu machen, benötigt man einen speziellen »Fledermausdetektor«, der die Signale im Bereich von 20 bis über 100.000 Hertz mit speziellen Mikrofonen aufnimmt und dann in hörbare Töne umwandelt, um sie über einen Lautsprecher oder Kopfhörer wiederzugeben (wie in unserer Aufnahme). Die auch unter dem Namen »Batdetektor« bekannten Geräte ermöglichen zudem das einfache Aufspüren und Beobachten von Fledermäusen.
Fledermäuse sind übrigens entgegen einer weitverbreiteten Meinung nicht blind, sie können klar zwischen Hell und Dunkel unterscheiden und sich vermutlich auch an den Umrissen weiter entfernter markanter Punkte orientieren.

Fledermäuse können sich dank ihres »Echosystems« gut im Dunkeln orientieren.

Koala

Phascolarctos cinereus

Track 30

Kaum ein Tier ist überall auf der Welt so beliebt wie der Koala. Sein knuddeliges Aussehen, die großen, immer etwas abgewetzt wirkende Nase, seine plüschigen Ohren, seine Ähnlichkeit mit einem Teddybären und last but not least sein vermeintlich so friedliches Wesen macht den kleinen australischen Beutelbären nicht nur zum Liebling der Kinder, sondern zum tierischen Sympathieträger schlechthin.

Das Paarungsverhalten der Koalas passt allerdings so gar nicht zum Kuscheltierimage der kleinen Beutelbären und ist nach Ansicht von Experten »nichts für zimperliche Seelen«. Die Männchen, und hier vor allem die älteren Herren, sind in der Paarungszeit nämlich äußerst aggressiv und verletzen sich bei ihren erbittert geführten Kämpfen um das Paarungsvorrecht oft gegenseitig mit ihren scharfen Klauen. Und auch bei der Paarung selbst herrschen regelrechte »Sado-Maso-Sitten« – nur selten geht es unter Koalas bei der schönsten Sache der Welt ohne das nahezu schon obligate Kratzen und Beißen zur Sache.

Zu Beginn der Brunftzeit lassen die Männchen zunächst einmal ein tief grunzendes Brüllen oder Bellen hören, mit dem sie zum einen ihr Revier markieren und zum anderen der holden Weiblichkeit ihre Paarungsbereitschaft demonstrieren wollen. Oft werden im Kampf um die Damen regelrechte Schreiduelle ausgefochten, und ein dominantes Männchen kann dabei allein durch die »Macht seiner

Koalas fechten oft regelrechte »Schreiduelle« aus.

Stimme« zeigen, wer im Revier das Sagen hat. So wird vermieden, dass es immer gleich zu den bereits erwähnten, blutigen und vor allem kräftezehrenden Kämpfen um die Weibchen kommt.

Auch die Koalaweibchen brüllen, um ihren Artgenossen ihre Aggressivität und Kraft, aber auch ihre Lust auf Sex zu demonstrieren. Allerdings tun sie dies bei Weitem nicht so häufig und so laut wie die Männchen. Mit ihren Jungen, die vor allem im englischen Sprachraum gerne als »Joeys« bezeichnet werden, kommunizieren die Koaladamen dagegen deutlich moderater. Da wird sich eher mit zarten Klick- und Quietschgeräuschen ausgetauscht – manchmal sollen aber auch sanfte Grunztöne Missbilligung oder Verärgerung signalisieren.

Pirol

Oriolus oriolus

Track 31

Obwohl der kleine Vogel mit seinem zitronen- bis goldgelben Gefieder ja nun wirklich auffällig gefärbt ist, ist es in freier Natur äußerst schwierig einen Pirol zu entdecken. Zu versteckt lebt der etwa amselgroße Vogel im Kronendach stark belaubter Laubbäume. Weit zu hören ist jedoch das melodische, äußerst klangvoll flötende »dü-delüü-lio-büloo-büloo« des Pirols, mit dem das Männchen sein Revier markieren bzw. ein Weibchen zu einem Schäferstündchen überreden möchte. Und natürlich gibt eine Piroldame dem Bewerber, der nicht nur den schönsten Balzflug zeigt, sondern auch die schönsten Flötentöne erklingen lässt, den Vorzug.

Nach seinem Gesang wird der Pirol in Mecklenburg auch als »Vogel Bülow« bezeichnet und stand als Wappenvogel der preußischen Offiziersfamilie von Bülow Pate für das Pseudonym des Altmeisters des deutschen Humors. Ins Französische übersetzt heißt Pirol nämlich »Loriot«, was Vicco von Bülow auf die Idee brachte, sich den Künstlernamen Loriot zu geben.

Bei den Pirolen können übrigens beide Geschlechter singen, die Weibchen allerdings etwas leiser und nicht ganz so hübsch wie die Männchen. Nun beherrscht der kleine gelbe Vogel mit der großen Stimme nicht nur die Flötentöne, er verfügt auch über eine kleine Palette anderer Laute. So wird zum Beispiel ein krächzendes »chrä-chrä« ausgestoßen, wenn die Vögel sich gestört fühlen oder aufgeregt sind. Der aggressive Warnruf dagegen ist ein scharfes »jik jik«. Manchmal sind auch leise, schwätzelnde Töne zu vernehmen, die jedoch offenbar, ganz im Gegensatz zu uns Menschen, den Pirolherren vorbehalten zu sein scheinen.

Übrigens: Stare sind begnadete Pirol-Imitatoren, die sehr oft, aus welchen Gründen auch immer, den Gesang der Vögel mit dem goldgelben Gefieder täuschend ähnlich nachahmen.

Der Gesang des Pirols ist äußerst melodisch.

Nachtigall

Luscinia megarhynchos

Track 32

Es war wohl der unsterbliche Satz »Es war die Nachtigall und nicht die Lerche« aus William Shakespeares »Romeo und Julia«, der die Nachtigall endgültig zu einem der berühmtesten Vögel der Welt gemacht hat. Denn das Äußere des eher im Verborgenen lebenden kleinen Vogels, der kaum größer ist als ein Spatz, ist eher unspektakulär. Graubraunes Gefieder, weißer Bauch, rötliche Schwanzfedern – damit kann man in der Vogelwelt nur wenig Aufmerksamkeit auf sich lenken. Es sind die außerordentliche Schönheit ihres Gesangs, der jeden Zuhörer in ihren Bann zieht, und ihre virtuose Stimmakrobatik, die die Nachtigall weit über Ornithologenkreise hinaus bekannt gemacht haben.

So heißt es bereits in »Johann Andreas Naumanns Naturgeschichte der Vögel Deutschlands« von 1844, im Gesang des kleinen Vogels »herrsche eine so angenehme Abwechslung und eine so hinreißende Harmonie, wie wir sie in keinem anderen Vogelgesange wiederfinden«.

Und auch der »Brockhaus« von 1839 konstatiert: »Der Gesang oder Schlag der Nachtigallen verbindet in der größten Mannichfaltigkeit alles Schöne, Zarte, Überraschende und Laute der Stimmen anderer Singvögel; obgleich aber die allgemeinen Eigenschaften ihres Schlags bei allen Nachtigallen dieselben sind, übertrifft doch eine die andere an Mannichfaltigkeit und Anmuth des Tones und der Strophen desselben.«

Vielleicht war auch die außerordentliche Klangfülle der kleinen Piepmätze letztendlich der Grund dafür, warum im alten Rom – wie uns der römische Historiker Plinius der Ältere berichtet – ausgerechnet Pasteten aus Nachtigallenzungen zu den beliebtesten Delikatessen gehörten.

Eigentlich weist schon der Name des kleinen Vogels mit der großen Stimme auf seine Sangeskünste hin, denn »gal« bedeutet im Althochdeutschen Gesang – die Nachtigall ist also ein »Nachtsänger«.

Der unverwechselbare Gesang dieses bemerkenswerten Vogels besteht aus vielen Strophen dicht gereihter Einzel- oder Doppeltöne. Die Strophen, die meist eine Dauer von zwei bis vier Sekunden haben, starten fast immer mit leisen Tönen, um dann in laute, rhythmisch wiederholte Silben überzugehen, die meist wohltönend, aber durchaus auch mal knarrend oder ratternd klingen können. Bei diesem charakteristischen Silbenstakkato handelt es sich um das berühmte »Schlagen« der Nachtigall. Längere Strophen wechseln sich dabei immer wieder mit kurzen, völlig andersklingenden, aber auch mit Wiederholungen ab. Besonders typisch für den Nachtigallengesang ist auch das sogenannte »Schluchzen«, ein lang gezogenes Flöten absteigender Töne, das vom menschlichen Zuhörer oft als wehmütiges Klagen wahrgenommen wird.

Der unverwechselbare Gesang, der von den Nachtigallmännchen in der Abenddämmerung und der Nacht vorgetragen wird, dient natürlich, wie in Vogelkreisen üblich, zur Anlockung der Weibchen und wird nach erfolgreicher Paarbildung eingestellt.

Allerdings singt die Nachtigall trotz ihres deutschen Namens auch tagsüber. Bei den »Tagesgesängen« geht es jedoch wohl weniger darum, das Herz einer schönen Nachtigallendame zu erobern, als vielmehr darum, das eigene Revier gegen männliche Rivalen akustisch zu verteidigen. Da werden den Konkurrenten die unterschiedlichsten Strophen dann regelrecht um die Ohren gesungen.

Das Klangrepertoire ist zumindest in Europas Vogelwelt einzigartig: Männliche Nachtigallen beherrschen zwischen 120 und 260 unterschiedliche Strophentypen, die meist zwischen zwei und vier Sekunden lang sind. Um sich eine solch große Anzahl an Strophen merken zu können, bedarf es natürlich eines guten Gedächtnisses. Kein Wunder also, dass die kleinen Sangeskünstler wichtige Untersuchungsobjekte in der modernen Lern- und Gedächtnisforschung geworden sind.

Übrigens singen auch die Nachtigallenweibchen, aber eher leise und etwas verschämt und auch nur, wenn sie sich auf dem Nest befinden.

Natürlich haben sich auch berühmte Komponisten von den gefiederten Meistersängern inspirieren lassen und ihren Gesang in Kompositionen nachempfunden, so etwa Ludwig van Beethoven in der sechsten Sinfonie, der »Pastorale«, Johann Strauss mit der »Nachtigall-Polka« und Igor Strawinsky mit dem »Lied der Nachtigall«.

Leider kennen heute die meisten Menschen den wunderschönen Gesang der »Königin der Nacht« nur noch von diversen Tonträgern, da Nachtigallen bei uns selten geworden sind. So schätzt man, dass noch gerade 95.000 Brutpaare in Deutschland leben, und in einigen Bundesländern ist der kleine Sangeskünstler mittlerweile sogar ein Fall für die Rote Liste der vom Aussterben bedrohten Arten geworden. Zum Vergleich: Ein häufiger Vogel wie etwa die Kohlmeise bringt es in Deutschland auf rund zehn Millionen Paare. Die Hauptursache für den Rückgang der Art ist wahrscheinlich im Verlust traditioneller Brutplätze, zum Beispiel durch Entfernung des Unterholzes und der Falllaubschicht, zu suchen.

Dank ihres Gesangs ist die Nachtigall einer der berühmtesten Vögel der Welt.

Eichelhäher

Garrulus glandarius

Track 33

Wohl nahezu jeder Waldspaziergänger hat schon einmal das laute, kreischende »raaaatsch, raaatsch« eines Eichelhähers gehört, das der bunt gefiederte Waldvogel als Alarmruf bei einer vermeintlichen Bedrohung ausstößt. Ein markantes Warnsignal, das auch andere Vögel in der näheren Umgebung zu verstehen scheinen und das dem Eichelhäher den Beinamen »Waldpolizist« eingebracht hat. Weitaus weniger spektakulär ist der Gesang des Eichelhähers, der aus einem eher leise schwätzenden »dchää, dchää« besteht und wohl lediglich der Reviermarkierung dient. Ab und an vernimmt man zudem ganz andere Töne aus der Kehle eines Eichelhähers: zum Beispiel das laute »hijäh«, eines Mäusebussards, das typische »kraik« eines Graureihers oder auch mal ein krähenartiges »kraah«. Tatsächlich ist der Eichelhäher ein Meister der Imitation, dem selbst erfahrene Vogelexperten auf den Leim gehen können. Und nicht nur Vogelstimmen gehören zum Repertoire eines Eichelhähers, ab und an wird auch eine menschliche Stimme oder etwa das Blöken eines Schafes trefflich nachgeahmt.

Vor Kurzem haben Vogelexperten beobachtet, dass einige Vogelarten, darunter auch der Eichelhäher, durchaus mit der Zeit gehen. Die Piepmätze imitieren nämlich nicht nur – wie bereits erwähnt – die Gesänge anderer Vogelarten, sondern fügen sich nahtlos in die Geräuschkulisse der modernen Zivilisation ein und bauen deshalb seit einigen Jahren auch Imitationen von von Menschen verursachten Geräuschen in ihre Balz- und Territorialgesänge ein. Großer Beliebtheit bei den geflügelten Imitatoren erfreuen sich da neben Huptönen oder dem Quietschen von Bremsen vor allem die Klingeltöne von Handys. Die Klingeltonimitationen sind derart perfekt, dass selbst vogelstimmenerfahrene Ornithologen der akustischen Täuschung erliegen. Star unter den gefiederten Imitatoren ist übrigens – nomen est omen – der Star. Auf den Plätzen zwei und drei folgen Dohle und Eichelhäher. Allerdings werden bisher nur einfache Klingeltöne nachgeahmt, komplexere Tonfolgen können von Eichelhäher und Co. dagegen – noch – nicht imitiert werden, da braucht es wohl noch etwas Übung. Und so müssen wir uns noch etwas gedulden, bevor wir Lieder von Udo Lindenberg, Herbert Grönemeyer oder gar Beethovens 9. Symphonie aus Eichelhäherschnäbeln im Stadtwald vernehmen werden. Naturschützer sehen den Grund für die Klingeltonimitationen in der Tatsache begründet, dass es in den letzten Jahren auch vergleichsweise scheue Waldvögel aufgrund der besseren Nahrungssituation vermehrt in die Städte zieht, die zudem durch die aufgelockerte Bauweise auch wieder mehr Grünflächen bieten. Und haben es sich die Vögel erst einmal in dieser neuen Umgebung kommod gemacht, beginnen sie natürlich auch, die Geräusche um sie herum zu imitieren.

Nach Meinung vieler Ornithologen entspricht das Nachahmen fremder Töne der Natur des Eichelhähers und anderer Singvögel. Allerdings imitieren die Piepmätze die Klingeltöne nicht nur aus fortpflanzungstechnischen

Gründen, um ihr Revier zu markieren oder gar aus purem Zeitvertreib, sondern auch, um mögliche Fressfeinde zu täuschen.
Seinen Namen verdankt der begnadete Stimmenimitator übrigens seiner absoluten Lieblingsspeise, denn der von Wissenschaftlern zu den Rabenvögeln gerechnete Vogel wird nur allzu oft mit einer Eichel im Schnabel angetroffen. Bis zu zehn weitere Exemplare kann er erstaunlicherweise noch zusätzlich in seinem Kehlsack transportieren.
Im Herbst legt dann *Garrulus glandarius*, wie der offizielle lateinische Name des Eichelhähers lautet, zur Überbrückung der kalten Jahreszeit zahlreiche Nahrungsverstecke an und vergräbt Bucheckern und Haselnüsse, aber vorrangig natürlich seine geliebten Eicheln einzeln im Waldboden. Dank eines guten Gedächtnisses findet der Vogel die meisten »Speisekammern« wieder. Aber eben nur die meisten und nicht alle. Zum Nutzen des Waldes, denn die Samen der übersehenen Früchte können dann im nächsten Frühjahr auskeimen und als sogenannte Hähersaat einen wichtigen Beitrag zur Verbreitung der diversen Baumarten leisten.
Mit viel Glück kann man beim Eichehäher noch ein ganz außergewöhnliches Verhalten beobachten. Ab und an nimmt der bunte Waldvogel nämlich mit großem Vergnügen ein Bad in einem Ameisenhaufen. Diese auf den ersten Blick etwas seltsam anmutende Vorliebe, die von Fachleuten als »einemsen« bezeichnet wird, dient der Körperhygiene: Die über den gefiederten Störenfried verärgerten Ameisen verspritzten kräftig Ameisensäure. Und genau auf die Reaktion hat der Eichelhäher spekuliert: Mit der Ameisensäure werden lästige Gefieder- und Hautparasiten wie Flöhe, Läuse oder Milben äußerst wirkungsvoll bekämpft. Eben eine hygienische Maßnahme der besonderen Art.

Begnadeter Klingeltonimitator: der Eichelhäher.

Buntspecht

Picoides major

Track 34

»Tock, tock, tock«: Spätestens ab Januar kann man das Klopfen und Trommeln der Buntspechte in unseren Wäldern und Parks nicht mehr überhören. Bei dem Buntspechtlärm handelt es sich streng genommen um mit dem Schnabel getrommelte Liebesbotschaften, denn mit ihrem Gehämmer wollen die Spechtmännchen nicht nur lästige Rivalen aus dem eigenen Revier fernhalten, sondern vor allem zu Beginn der Balzzeit willige Weibchen anlocken. Gehämmert wird dabei auf alles, was gute Resonanz verspricht, etwa hohle Bäume oder tote Äste. Gerne nutzt der Buntspecht in Zivilisationsnähe aber auch Blechschornsteine, Regenrinnen, Fernsehantennen oder Telefonmasten für seine Trommelwirbel – so kann er seinen Trommelsignalen sogar eine persönliche Note verleihen, was für die Revierabgrenzung sicherlich von Vorteil ist. Ab und an lassen aber nicht nur die Herren der Schöpfung, sondern auch die Buntspechtdamen einen Trommelwirbel erklingen. So wollen Sie die Aufmerksamkeit des Revierinhabers auf sich richten und ihn zu einem Schäferstündchen einladen.

Mit fortgeschrittener Balzzeit trommeln die Spechtpaare dann auch im Duett. Zunächst klingt das noch etwas holprig, aber bereits nach kurzer Zeit schafft es das Liebespaar, seine Tommelwirbel zu synchronisieren.

Nun nutzt der Buntspecht seinen Schnabel nicht nur, um sein Revier abzugrenzen oder die holde Weiblichkeit betören, sondern auch zur Nahrungssuche, etwa um im morschen Holz unter der Baumrinde nach Larven zu stochern. Bekannt sind auch die sogenannten Spechtschmieden – Baumspalten oder selbst gezimmerte Baumvertiefungen, in die Nüsse oder Zapfen eingeklemmt und dann die Samen herausgehackt werden. Außerdem wird der Schnabel natürlich auch dann eingesetzt, wenn der zu den Höhlenbrütern zählende Vogel sich mit erheblichem Kraftaufwand und großer Ausdauer eine Nisthöhle »zimmert«.

Der Buntspecht ist übrigens der schnellste Trommler unter den Spechten: Bis zu 20 Schläge pro Sekunde und das über viele Stunden – davon können auch Profi-Schlagzeuger nur träumen.

Eine vor Kurzem in der Fachzeitschrift »Nature« veröffentlichte Untersuchung zeigte, dass der Aufprall des Schnabels mit einer Geschwindigkeit von 25 km/h erfolgt. Wer wissen will, wie sich das anfühlt, schlage einmal versuchsweise seinen Schädel mit 25 km/h an die Wand.

Aber wie kommt es dann eigentlich, dass Spechte stundenlang unermüdlich und mit voller Wucht auf harte Bäume einhämmern können, ohne Kopfschmerzen oder gar eine Gehirnerschütterung zu bekommen? Warum sind unsere Wälder also nicht voll von Spechten, die vom Hämmern völlig benommen am Boden liegen?

Und warum schlägt der nordamerikanische Vetter des Buntspechts, der Helmspecht, jüngeren Untersuchungen zufolge sogar bis zu 12.000-mal pro Tag gegen Holz, ohne das sein Gehirn Schaden nimmt?

Es gibt gleich mehrere wissenschaftliche Publikationen, die präzise erklären, warum dem Specht trotz intensivster Kopfarbeit nicht der Schädel brummt. Das Geheimnis liegt in der speziellen Anatomie und Biomechanik seines Schädels. Zunächst einmal unterscheidet sich der Spechtschädel von den Schädeln aller anderen Vogelarten dadurch, dass auf einer gedachten Achse vom Schnabel durch den Schädel nur Knochen liegen. Anders als beispielsweise bei einer Taube, bei der diese Achse mitten durch das Gehirn verläuft, liegt beim Buntspecht und seinen Verwandten das Gehirn deutlich oberhalb dieser Achse und bekommt so bei den Stößen nicht allzu viel ab. Außerdem ist das Gehirn nur von äußerst wenig Gehirnflüssigkeit umgeben und füllt den relativ kleinen Spechtschädel fast vollständig aus, weshalb es beim Aufprall nicht hin und her schwappen kann.
Als wichtigsten Schutz besitzt der Spechtschädel aber ein eingebautes Stoßdämpfersystem, denn auch die Kiefermuskulatur leistet beim Specht ihren Beitrag zum Schutz des Gehirns. Diese außerordentlich starken Muskeln ziehen sich nämlich wenige Millisekunden vor dem Aufprall zusammen und absorbieren so einen Großteil der auftreffenden Energie.
Aber der Buntspecht hat noch weitere Tricks auf Lager, mit denen er verhindert, dass er beim »Klopfen« bzw. »Zimmern« zu Schaden kommt. So schließt er eine Millisekunde vor dem Aufprall der Schnabelspitze die Augen und schützt sie so vor den umherfliegenden Holzspänen. Die Nasenlöcher wiederum sind mit feinen Federn überwachsen – so wird ein

Der Buntspecht will mit seinem Gehämmer Weibchen anlocken.

Einatmen des beim Hämmern entstehenden Sägemehls verhindert.
Nun können Buntspechte nicht nur durch Trommeln, sondern auch durch »normale« Lautäußerungen kommunizieren. Der bekannteste Ruf der gefiederten Trommler ist dabei ein helles, scharfes »kix«, das die Vögel besonders in erregtem Zustand, bis zu 120-mal in der Minute ertönen lassen, wenn es etwa darum geht, Rivalen klarzumachen, wer im Revier das Sagen hat. Laut schnarrende oft regelrecht provozierend klingende »kreck«-Rufe sind dagegen oft bei ernsthafteren Streitigkeiten unter Männern zu hören, aber auch zu Beginn der Paarbildung.

Nacktkehl-Glockenvogel

Procnias nudicollis

Track 35

Im südamerikanischen Regenwald sind manchmal eigenartige Geräusche zu vernehmen: ein metallisches Scheppern, das irgendwo zwischen dem Scheppern einer etwas in die Jahre gekommenen Fahrradklingel, dem Klang der Glocke einer Miniaturkapelle und dem Ton einer rostigen Piccolotrompete anzusiedeln ist. Produzent dieses seltsamen Geräusches ist überraschenderweise eine versteckt in den Baumwipfeln lebende Vogelart, der – nomen est omen – Nacktkehl-Glockenvogel.

Der Ruf des Nacktkehl-Glockenvogels erinnert an den Klang eines Glocke.

Der Ruf des knapp 30 cm großen Glockenvogels – übrigens immer mit weit aufgesperrtem Schnabel vorgetragen – gehört mit Sicherheit zu den lautesten Äußerungen in der Vogelwelt.

Es ist dabei stets das Männchen, das auf exponiertem Platz in einer Baumkrone mit zurückgeworfenem Kopf versucht, mit den seltsam klingenden Rufen ein Weibchen in sein Revier zu locken. Hat sich dann tatsächlich eine Vogeldame eingefunden, bemüht sich der Revierinhaber nicht mehr singenderweise, sondern durch heftiges Hüpfen von Ast zu Ast von seinen Qualitäten als Liebhaber zu überzeugen.

Durchaus möglich jedoch, dass in naher Zukunft das Glockengeläut im südamerikanischen Urwald für immer verstummen wird, denn in vielen seiner ursprünglichen Verbreitungsgebiete ist der Nacktkehl-Glockenvogel mittlerweile selten geworden. Hauptgrund für den teilweise drastischen Rückgang der Populationen ist zum einen das schnell fortschreitende Abholzen der Regenwälder, wodurch der Vogel seinen natürlichen Lebensraum verliert, und zum anderen der permanente Fang der seltenen Tiere, die auf Grund ihres kuriosen Gesanges in einigen Ländern bei gut betuchten »Tierliebhabern« geschätzte Käfigvögel sind.

In Paraguay ist der legendäre Vogel mit dem Glockenton auch auf einer Briefmarke zu bewundern, kein Wunder übrigens, denn er ist der »Nationalvogel« des südamerikanischen Binnenstaates. Schön, dass nicht immer nur mächtige Adler in den Genuss dieses Titels kommen.

Jägerliest

Dacelo novaeguineae

Track 36

Der Jägerliest gilt als der bekannteste und wohl auch beliebteste Vogel Australiens. Der australische Staat hat dem kleinen Vogel mit dem kräftigen Schnabel eine eigene Münzserie gewidmet, Radiosender spielen seinen Ruf als Sendezeichen, er ziert eine Briefmarke, und fast folgerichtig war bei den Olympischen Spielen 2000 in Sydney eines der drei Maskottchen ein Jägerliest namens Olly.
Seine Popularität in Australien verdankt der Jägerliest nicht etwa seinem Aussehen, sondern seinem ungewöhnlichen Gesang, der an ein laut schallendes menschliches Lachen erinnert und ihm den Zweitnamen »Lachender Hans« eingebracht hat.
Die Vögel starten ihren Gesang zunächst mit einem leisen Kichern, das in ein lautes, wie hysterisches Lachen klingendes »koo-koo-koo-koo-koo-kaa-kaa-kaa« übergeht, um dann ihr Lied meist wiederum mit einem Gekicher zu beenden. Der Gesang wird von den Jägerliesten stets mit hochgestrecktem Körper und steil aufgerichtetem Schwanz vorgetragen. Mit ihrem Ruf stecken die Tiere ihr Territorium ab und signalisieren ihren Artgenossen so auf akustischem Wege, wer in einem bestimmten Gebiet der Boss ist. Mit besonders großer Intensität wird der Gesang bei Sonnenaufgang und bei Sonnenuntergang vorgetragen. Und weil die Jägerlieste mit schöner Regelmäßigkeit um die gleiche Zeit zu hören sind, werden sie in Australien auch als »Buschmannsuhr« bezeichnet.

Neben seinem markanten »Lachen« verfügt der Jägerlist noch über fünf weitere Rufe, die er jedoch nicht zur Revierverteidigung, sondern zur Kommunikation innerhalb der Familie benutzt.
In der Mythologie der Aborigines findet sich übrigens eine hübsche Erklärung, warum der Kookaburra, wie der große Eisvogel von den Ureinwohnern Australiens genannt wird, allmorgendlich sein Lachen ertönen lässt: Der Gott Bayame soll den Vögeln befohlen haben, morgens richtig laut zu lachen, damit die Menschen rechtzeitig aus den Federn kommen und den Sonnenaufgang nicht verpassen.
Einer anderen Legende zufolge wächst Kindern, die den Kookaburra beleidigen, ein zusätzlicher schiefer Zahn aus dem Mund.

Der Gesang des Jägerliest startet mit einem leisen Kichern.

Mauersegler

Apus apus

Track 37

Kein anderes Lebewesen verbringt auch nur annähernd so viel Zeit im Flug wie der Mauersegler: Rund 90 Prozent ihres Lebens befinden sich die eleganten Flieger in der Luft. Mauersegler fressen, trinken und schlafen sogar im Flug. Auf welche Weise es die Mauersegler allerdings schaffen, während des Fluges ein Nickerchen zu halten, ohne dabei vom Kurs abzukommen oder gar einen »Unfall zu bauen«, hat die Wissenschaft bisher noch nicht herausfinden können. Möglicherweise lassen die Vögel, ähnlich wie Delfine, ihre Hirnhälften abwechselnd schlafen, sodass immer eine Hirnhemisphäre aktiv ist, während sich die andere erholen kann.

Übrigens: Auch die »schönste Sache der Welt« erfolgt beim Mauersegler nicht zwangsläufig am Boden, denn bei schönem Wetter findet die Paarung der gefiederten Kunstflieger durchaus auch ab und an in rund 80 m Höhe statt.

Die Rufe von Mauerseglern können selbst den Lärm einer Großstadt übertönen.

Mauersegler sind nicht nur ausgesprochen ruffreudig, sondern auch sehr gut bei Stimme. Können doch die Vögel mit ihren hohen »srieh srieh«-Rufen mitunter locker den Verkehrslärm einer Großstadt übertönen. Gesungen wird bei der Balz, um Rivalen einzuschüchtern und manchmal offensichtlich auch einfach aus Spaß an der Freude. So finden an lauen Sommerabenden oft gemeinsame Flugspiele, die sogenannten »screaming parties« statt. Hierbei kreisen zunächst nahezu alle Mitglieder einer Mauerseglerkolonie in großer Höhe, um anschließend – oft in geschlossener Formation – in rasantem Tempo unter lauten »srieh«-Rufen dicht an den Brutplätzen vorbeizufliegen.

Einen wichtigen Zweck erfüllt auch das sogenannte Duettieren am Brutplatz: Dabei trägt ein Mauerseglerpaar in schönster Harmonie ein gemeinsames »swii-rii« vor, wobei das hellere »swii« vom Weibchen stammt, während das tiefere »rii« vom Männchen beigesteuert wird. Mit dem gemeinschaftlichen Gesang am Nistplatz soll wohnungssuchenden Artgenossen signalisiert werden, dass dieser Brutplatz bereits besetzt ist. Missachtet ein auf Wohnungssuche befindlicher Vogel das Abwehrduett und versucht, in die Bruthöhle einzudringen, wird er, wenn es sich um ein Männchen handelt, sofort vom Herrn des Hauses attackiert. Ist der Eindringling jedoch ein Weibchen, stürzt sich die Wohnungsbesitzerin auf die Rivalin. Offensichtlich bleibt man unter Mauerseglern auch in existenziellen Fragen fair.

Ziegenmelker

Caprimulgus europaeus

Track 38

Der Ziegenmelker trägt seinen Namen völlig zu Unrecht. Verantwortlich für die Fehlbenennung waren Ausführungen des römischen Historikers Plinius des Älteren (23–79 n. Chr.), der in seiner berühmten enzyklopädischen Naturgeschichte »Naturalis historia« den Ziegenmelker wie folgt charakterisierte: »Die Ziegenmelker, vom Aussehen einer größeren Amsel, sind nächtliche Diebe. Sie fliegen an die Euter der Ziegen heran, um die Milch auszusaugen. Durch diesen Gewaltakt sterben die Euter ab, und die so gemolkenen Ziegen erblinden.« Heute wissen wir, dass der schlechte Ruf des Ziegenmelkers wohl einfach nur die Folge einer mangelhaften Naturbeobachtung war. Denn es ist zwar durchaus richtig, dass die Vögel sich gerne in der Nähe von Ziegen aufhalten, aber nicht etwa, weil sie die Euter der Tiere anzapfen wollen, sondern weil sie hier einfach zahlreiche der vielen Insekten erbeuten können, die die Ziegen ständig umschwirren.

Das Ziegenmelkermännchen lässt seinen Balzgesang erst nach Einbruch der Dunkelheit ertönen. Die oft pausenlos und über Stunden meist von einer erhöhten Singwarte vorgetragenen schnurrenden Gesänge sind dabei am ehesten mit dem Geräusch eines entfernt vorbeifahrenden Motorrads zu vergleichen, wechseln jedoch immer wieder, sowohl was die Lautstärke als auch was die Tonhöhe betrifft. Sobald sich ein Ziegenmelkerweibchen in seinem Revier einstellt, beendet das Männchen seine Werbegesänge und geht zur sogenannten Flugbalz über: Bei dieser etwas luftigen Spielart der Balz führen die Herren Ziegenmelker der ehrfürchtig staunenden Damenwelt geradezu akrobatische Flugkunststückchen vor, wobei sie immer wieder die Flügel über dem Rücken zusammenklatschen.

Der schlechte Ruf des Ziegenmelkers ist völlig unverdient.

Der Waldkauz

Strix aluco

Track 39

Cineasten kennen den Gesang des Waldkauzes aus den alten Edgar-Wallace-Filmen der 1960er-Jahre, wo die unheimlich klingenden Töne der kleinen Eulenvögel nur allzu gern als beliebtes Stilmittel verwendet wurden, wenn es darum ging, eine gruselige Stimmung oder aber knisternde Hochspannung zu erzeugen. Dabei ist es vor allem das tremolierende, heulende »huu-huhuhu-huu« des männlichen Waldkauzes, das in unseren Wäldern gerade zur Balzzeit im Spätwinter besonders schaurig klingt. Der Gesang der Waldkauzmännchen ist dabei jedoch stets so individuell, dass sich benachbarte Vögel allein an ihrer Stimme erkennen.

Der Gesang des Waldkauzes klingt immer etwas schaurig.

Dass es sich beim Waldkauz nach einem wohl aus dem Mittelalter stammenden Aberglauben um einen »Boten des Todes« bzw. einen »Todesvogel« handelt, hat vor allem etwas mit dem Ruf des weiblichen Waldkauz zu tun. Das Weibchen beantwortet die Balzgesänge des Männchens nämlich mit einem rauen »kuitt, kuitt«, was in früheren Zeiten oft als die Aufforderung »Komm mit; komm mit« interpretiert wurde.

Überhaupt wurde der Waldkauz dank seines unheimlich klingenden Rufs gerne den Mächten der Finsternis zugeordnet. So glaubte man zum Beispiel bereits in der Antike, bei Käuzen handle es sich um Botschafter von Hexen und Zauberern, die auch an den Zusammenkünften der Geister teilnehmen würden. Kein Wunder also, dass man lange glaubte, die kleinen Eulenvögel wüssten dank dieser »dunklen Beziehungen« bereits frühzeitig, welche Person demnächst das Zeitliche segnen müsste. »Wenn das Käuzchen dreimal ruft, stirbt jemand in der Nachbarschaft«, lautete ein weitverbreiteter Volksglaube.

Apropos Hexenvögel: Entgegen sich hartnäckig haltender Gerüchte besitzt der Waldkauz nicht die unheimliche Fähigkeit, seinen Kopf um volle 360 Grad zu drehen. 270 Grad schafft er aber schon. Und das ist auch bitter nötig, denn die Augen des kleinen Nachtvogels sind, wie bei allen Eulen, fest mit dem Schädel verbunden und von daher nicht beweglich, sondern starr nach vorne gerichtet. Dadurch ist das Blickfeld des Waldkauzes sehr klein und muss deshalb durch die erhöhte Drehmöglichkeit des Kopfes ausgeglichen werden.

Kuckuck

Cuculus canorus

Track 40

»Kuckuck, Kuckuck, ruft 's aus dem Wald«, beginnt eines der bekanntesten deutschen Kinderlieder. Es ist sein Ruf, der den Kuckuck in der Vogelwelt unverwechselbar macht, gesehen haben den scheuen Vogel jedoch die wenigsten Menschen. Seinen Namen verdankt der Kuckuck dem auffälligen »gu-kuh«-Ruf des Männchens, wobei stets die erste Silbe betont wird. Aber nicht nur im Deutschen, sondern auch in vielen anderen Sprachen – zum Beispiel engl.: »cockoo«, franz.: »coucou« oder russ.: »kukushka« – wurde der Ruf des Kuckucks lautmalerisch in seinen Namen integriert.

Legenden um den Kuckucksruf gibt es mehr als genug. So soll man beim ersten Ruf des Kuckucks die Geldbörse kräftig schütteln, wenn man das ganze Jahr über gut bei Kasse bleiben möchte. Jungfrauen dagegen können dem Volksmund nach an der Anzahl der Kuckucksrufe ablesen, wie viele Jahre es noch dauert, bis sie ihre Jungfräulichkeit verlieren. Das Kuckucksweibchen gehört übrigens mit Sicherheit zu den faulsten Müttern im Tierreich, da es ja bekanntermaßen seine Eier in die Nester fremder Vogelarten legt und diesen die Aufzucht des eigenen Nachwuchses überlässt. Aber Faulheit wird im Leben auch ab und an bestraft. Der Kuckuck hat nämlich offensichtlich Probleme mit der globalen Erwärmung. Seine Wirtsvögel, die sich in Sachen Brutgeschäft an der Temperatur orientieren, kehren jetzt nämlich früher aus ihren Überwinterungsgebieten zurück und beginnen auch früher mit der Eiablage. Der Kuckuck hat sich aber noch nicht an den Klimawandel angepasst; er kommt oft zu spät aus Afrika zurück und trifft bei seinen Wirtsvögeln dann auf bereits geschlüpfte Bruten und hat keine Chance mehr, seine eigenen Eier einzuschmuggeln.

Der Kuckuck verdankt seinen Namen seinem Ruf.

Graupapagei

Psittacus erithacus

Track 41

Graupapageien sind äußerst sprachbegabt.

Graupapageien sind wahrscheinlich die sprachbegabtesten Papageien überhaupt, da es ihnen offensichtlich am leichtesten fällt, menschliche Laute nachzubilden.

Lange Zeit war es ein Graupapagei namens Prudle, der mit einem Vokabular von 800 Wörtern im »Guinnessbuch der Weltrekorde« als Papagei mit dem größten Wortschatz verzeichnet war. 2004 wurde Prudle dann von seinem Artgenossen N´kisi, der es auf stolze 950 Worte brachte, deutlich überflügelt.

Absoluter Superstar unter den sprechenden Vögeln war jedoch aufgrund seiner vielfältigen Fähigkeiten der Graupapagei Alex, der bis zu seinem Tod 2007 allgemein als schlauester Papagei der Welt betrachtet wurde.

Alex, der über 25 Jahre lang an einer amerikanischen Universität trainiert und ausgebildet wurde, hatte zwar »nur« einen vergleichsweise geringen Wortschatz von rund 100 Worten, war jedoch zu weit mehr in der Lage, als lediglich Gehörtes sinnlos nachzuplappern: Der schlaue Vogel konnte nämlich Laute neu kombinieren und dadurch neue Wörter bilden. So nannte der Papagei, als er das erste Stück Apfel seines Lebens aß, die ihm unbekannte Frucht »banerry« – zusammengesetzt aus »banana« und »cherry« (Kirsche).

Alex war auch – dank korrekter Wortwahl – in der Lage, Wünsche zu äußern, beispielsweise »Wanna banana« (ich hätte gern eine Banane). Bot man ihm stattdessen eine Nuss an, wiederholte er zunächst höflich, aber bestimmt seinen Wunsch nach einer Banane, packte jedoch dann die Nuss mit dem Schnabel und warf sie erbost gegen seinen Betreuer. Zeigte sich dieser dann seinerseits verärgert, versuchte der offensichtlich etwas harmoniebedürftige Alex sofort, die Wogen der Erregung mit einem »I'm sorry« (Tut mir leid) zu glätten.

Alex, dem Wissenschaftler das Intelligenzniveau eines fünfjährigen Kindes bescheinigten, konnte außerdem bis sechs zählen, sieben Farben und fünf Formen unterscheiden.

Die Forschung an Alex hat die Vorstellung, wie Vogelhirne arbeiten, revolutioniert. Hatte man von der Leistungsfähigkeit der Denkorgane der Piepmätze in Wissenschaftskreisen lange Zeit nicht allzu viel gehalten, gehen heute viele Wissenschaftler davon aus, dass die Intelligenz von Papageien oder Krähen durchaus der von Affen oder Delfinen vergleichbar ist.

Gelbbrustara

Ara ararauna

Track 42

Gelbbrustaras zählen nicht nur aufgrund ihrer imposanten Größe von rund 90 cm und ihrer herrlichen gelb-blauen Färbung, sondern auch wegen ihrer Intelligenz und Gelehrsamkeit bei Vogelliebhabern zu den beliebtesten Papageien überhaupt.
Die ursprünglich in Südamerika heimischen Vögel lassen sich in Gefangenschaft relativ problemlos halten, jedoch gibt es dabei einige wichtige Punkte zu beachten. So sind die intelligenten Vögel ausgesprochen anspruchsvoll und fordernd, wenn es um die Zuwendung ihrer Besitzer geht, und können äußerst aggressiv werden, wenn sie sich nicht korrekt behandelt fühlen. Die bunten Papageien entwickeln dann nicht nur beachtliche zerstörerische Tendenzen in Richtung Wohnungseinrichtung, sondern können ihre Besitzer im Einzelfall auch kräftig beißen.
Nicht unterschätzen sollte man auch die Tatsache, dass Gelbbrustaras über ein großes und auch in der Lautstärke äußerst beeindruckendes Lautrepertoire verfügen. Vor allem morgens und abends ist das harsch klingende Krächzen der bunt gefiederten Schreihälse weit zu hören. Deshalb waren in der Vergangenheit nicht wenige Papageienfreunde durch Gerichtsurteile infolge erfolgreicher Nachbarschaftsklagen wegen Lärmbelästigung dazu gezwungen, entweder die Wohnung zu wechseln oder aber ihre gefiederten Lieblinge abzugeben.
Auch tun sich Gelbbrustaras, ebenso wie andere Ara-Arten, etwas schwer damit, die menschliche Sprache nachzuahmen. Wer also unbedingt einen »sprachbegabten« Vogel als Haustier haben möchte, sollte eher auf einen Graupapagei (S. 60) setzen.

Gelbbrustaras verfügen über ein beeindruckendes Lautrepertoire.

Ringeltaube

Columba palumbus

Track 43

Im Frühjahr versucht das Ringeltaubenmännchen, die staunende Damenwelt mit einem Schauflug der Extraklasse zu erobern: Mit klatschendem Flügelschlag steigt es steil in die Lüfte, um anschließend im eleganten Sinkflug wieder nach unten zu gleiten. Die Darbietung wird stets mehrfach wiederholt, vorzugsweise in einem Kreis rund ums eigene Revier. Und auch die Lautäußerungen während des Balzfluges sind äußerst prägnant: Wer kennt es nicht das etwas hohl klingende, aber durchaus rhythmische Gurren, mit dem die Kunstflieger ein geneigtes Weibchen auf sich aufmerksam machen wollen.

Ringeltauben sind für ihr prägnantes Gurren berühmt.

Wissenschaftler der niederländischen Universität Wageningen haben vor Kurzem herausgefunden, dass die für Tauben so charakteristischen Gurrlaute mit der Hilfe von Muskeln erzeugt werden, die zu den am schnellsten arbeitenden im gesamten Tierreich gehören. Im an der Verzweigung der Luftröhre befindlichen Lauterzeugungsorgan der Tauben, der sogenannten Syrinx, kontrahieren sich diese superschnellen Muskeln unmittelbar vor jedem Gurrlaut und ziehen dabei zwei Membranen, die sogenannten Stimmlippen, auseinander und ermöglichen es ihnen so, im Strom der Atemluft zu schwingen.
Diese Tatsache ist umso verblüffender, als selbst das »normale« Gurren der Tauben aus bis zu 30 Einzellauten pro Sekunde besteht, das heißt, der Muskulatur bleibt für jede Neupositionierung der Stimmlippen nur äußerst wenig Zeit. Da kommt die extreme Geschwindigkeit der »Gurrmuskulatur« gerade recht, denn deren Fasern können sich in gerade mal zehn Millisekunden zusammenziehen – das ist 25-mal schneller als ein menschliches Augenblinzeln!
Ringeltauben kommunizieren aber nicht nur über ihr prägnantes Gurren miteinander, sondern auch außerhalb der Balzzeit durch ein tiefes, leises und rhythmisches Brummen, das von einem Zuhörer nur in unmittelbarer Nähe der Vögel wahrgenommen werden kann.

Kalforniermöwe

Larus californicus

Track 44

Die Kaliforniermöwe ist einer der wenigen Vögel, die für sich in Anspruch nehmen können, dass ihnen zu Ehren ein Denkmal errichtet wurde. Und das kam so: Im Jahre 1848 drohte im Salt Lake Valley im US-Bundesstaat Utah eine gewaltige Heuschreckenplage, die gesamte Ernte der ersten Mormonensiedler zu vernichten.

Die Mormonenfarmer gingen zunächst mit Stöcken, Feuer und Wasser gegen die Heuschreckenplage vor. Als dies jedoch nicht den gewünschten Erfolg zeigte, blieb den frommen Männer nur noch eine Chance: Sie flehten mit inbrünstigen Gebeten Gott an, doch bitte dafür zu sorgen, dass ihre Felder verschont blieben. Und die Gebete zeigten offenbar Wirkung, denn gerade noch rechtzeitig – so will es zumindest die Legende – kamen riesige Schwärme von Kaliforniermöwen von den Großen Salzseen herüber und vernichteten innerhalb von zwei Wochen die gefräßigen Insekten. So konnte zumindest ein großer Teil der Ernte gerettet werden. Aus Dankbarkeit den rettenden Vögeln gegenüber wurde später mitten in Salt Lake City das sogenannte Seagull Monument (Seemöwen-Denkmal) errichtet.

Die Kaliforniermöwe, die manchmal auch als Indianermöwe bezeichnet wird, ist eine mittelgroße Möwe – kleiner als eine Heringsmöwe, aber deutlich größer als eine Ringschnabelmöwe. Die Vögel, die im Westen der USA und in Kanada zu Hause sind, werden oft fälschlicherweise zu den Seemöwen gerechnet, kommen jedoch oft weit im Landesinneren vor. Der Ruf der in Kolonien brütenden Möwe besteht aus einer Serie kratziger »uh-uh«-Rufe. Im stimmlichen Repertoire ist jedoch auch ein krächzendes »aow-aow« zu finden.

Die Kaliforniermöwe ist der »Staatsvogel« des US-Bundesstaates Utah.

1955 wurde der Kaliforniermöwe dann noch eine weitere hohe Ehre zuteil:

In Anerkennung ihrer historischen Verdienste beim »Möwenwunder« von 1848 wurde sie nämlich zum hochoffiziellen »Staatsvogel« des US-Bundesstaats Utah ernannt.

Wasserralle

Rallus aquaticus

Track 45

Wenn man an einem lauen Frühlingsabend einen Weiher oder Tümpel mit breitem Schilfbestand besucht, kann es durchaus passieren, dass plötzlich, mitten in die Abendstille hinein, durchdringende, quäkende Grunzlaute aus dem Röhricht zu vernehmen sind. Als erster Gedanke wird einem dann spontan durch den Kopf schießen: Hier hat sich mit Sicherheit ein armes Ferkel im Sumpf verlaufen, denn das Gequieke erinnert selbst Tierkenner fatal an die verzweifelten Hilferufe eines völlig verängstigten Jungschweins. Bei dem Rufer handelt es sich jedoch mitnichten um ein angstvoll quiekendes Borstentier, sondern um einen knapp rebhuhngroßen Bodenvogel mit tarnfarbenem Gefieder und langem roten Schnabel: die Wasserralle.

Der grunzende Erregungsruf ist wohl die bekannteste Lautäußerung der Wasserralle. Dabei können die Rufe von Männchen und Weibchen überlappen, sodass regelrechte Grunzduette entstehen. Allerdings singen die Damen in einem zarten Sopran, während die Wasserrallenherren in einer deutlich tieferen Stimmlage zu hören sind. Halten sich mehrere Brutpaare in einem Gebiet auf, sind oft richtige Wasserrallenchöre zu hören, deren Gesang weithin vernehmbar ist. Ihre ungewöhnlich klingenden Lautäußerungen lassen Männchen und Weibchen übrigens nicht nur in der Balzzeit, sondern nahezu das ganze Jahr über hören.
Wasserrallen leben als Sumpfbewohner übrigens ein so verstecktes Leben in der dichten Ufervegetation und den wasserreichen Röhrichtbeständen, dass selbst Ornithologen den scheuen Vogel nur äußerst selten zu Gesicht bekommen.

Der Ruf der Wasserralle erinnert an ein quiekendes Ferkel.

Truthuhn

Meleagris gallopavo

Track 46

Immer am letzten Donnerstag im November feiern die US-Amerikaner eines ihrer wichtigsten Familienfeste überhaupt: Thanksgiving. Und zur Feier des Tages steht immer ein »roasted turkey«, ein gebratener und gefüllter Truthahn auf dem Tisch des Hauses. Ob in Florida oder Alaska – kaum ein Amerikaner kann sich Thanksgiving ohne dieses traditionelle Gericht vorstellen.

Der Truthahn lebt auch heute noch wild in den meisten US-Bundesstaaten und in Mexiko, wurde aber bereits im 16. Jahrhundert von den Azteken gezüchtet. So berichtet der spanische Eroberer und Chronist Bernal Diaz del Castillio von aztekischen Märkten, auf denen Truthahn mit Schokoladensauce gereicht wurde!

Truthähne zeigen ein ausgeprägtes, äußerst beeindruckendes Balzspiel, bei dem die Herren versuchen, mit filigranen Balztänzen die Gunst eines Weibchens zu gewinnen. Die Hähne blasen während des Tanzes ihren Kehlsack auf, der sich zusätzlich auch noch bunt verfärbt, und spreizen ihre Schwanzfedern fächerartig – das sollte doch jede Truthahndame beeindrucken. Ein beliebter Trick ist es auch, das gesamte Gefieder aufzuplustern – so wirkt man nicht nur auf die staunende Damenwelt, sondern auch auf lästige Rivalen deutlich größer, als man eigentlich tatsächlich ist.

Begleitet wird die Balz stets durch das truthahntypische Kollern, ein rollend-gurrend-

Die Balz des Truthahns wird von schnaufend und dumpf dröhnenden Rufen begleitet.

gackerndes Geräusch, das tief in der Kehle des Vogels gebildet wird. In Grzimeks Tierleben heißt es in Sachen »Kollern« recht treffend: »Der Hahn stößt schnaufend und dumpf dröhnende Rufe und ein häufig wiederholtes Gobbel-obbel-obbel aus.«

Truthühner sind polygam, das heißt, die Männchen paaren sich mit mehreren Weibchen. Die Hähne kämpfen oft untereinander um die Hennen. Dabei wird jeder andere Hahn, der in die Nähe des Balzhahns kommt, erbarmungslos attackiert. Die Begattung selbst dauert übrigens gerade mal vier Minuten.

Auerhahn

Tetrao urogallus

Track 47

Seine überaus imposante Balz beginnt der Auerhahn bereits im ersten Morgengrauen. Hoch oben auf einem aussichtsreichen Baum wirft er sich mit weit nach oben gerichtetem Kopf, ausgebreiteten Flügeln und einem zu einem Halbkreis aufgefächerten Schwanz in seine typische Balzhaltung und stimmt seine unverwechselbare Balzarie an. Der Liedvortrag des imposanten Vogelherrn ist aus vier unterschiedlichen Elementen zusammengesetzt: Begonnen wird mit dem sogenannten Knappen, es folgt ein Trillern, das dann in den Hauptschlag übergeht, und das Ganze endet mit dem Wetzen oder Schleifen. Dieses etwa sechs Sekunden dauernde Balzlied wird vom Hahn jeden Morgen unermüdlich wiederholt; in der Hauptzeit der Balz sogar bis zu 600-mal. Ist es dem gefiederten Troubadour dann endlich gelungen, mit seinen Sangeskünsten ein oder mehrere Hennen anzulocken, wird die Balz am Boden fortgesetzt. Während der Balz steigt der Testosteronspiegel der Auerhähne auf das Hundertfache des Normalwertes an. Dadurch wird aus dem sonst äußerst scheuen Zeitgenossen ein regelrechter Berserker, der auch nicht davor zurückscheut, eigentlich harmlose Wanderer oder Pilzsucher, die sich in sein Revier verirrt haben, mit heftigen Schnabelhieben zu attackieren.

Die Balz des Auerhahns ist ein beeindruckendes Naturschauspiel.

Früher konnte der Auerhahn während der Balz leicht geschossen werden, weil der hormontrunkene Vogelherr – ansonsten äußerst vorsichtig bei Störgeräuschen aller Art – beim Vortrag seiner Minnegesänge geradezu blind und taub vor Liebe ist. Dieses »Liebes-Handicap« ist in der Hauptsache dafür verantwortlich, dass der größte und prächtigste Hühnervogel Europas heute leider in vielen Gegenden ausgerottet ist. In Mitteleuropa ist der Auerhahn nur noch selten in alten, unberührten Bergwaldregionen anzutreffen. In Deutschland steht er auf der Roten Liste der vom Aussterben bedrohten Arten.

Weißstorch

Ciconia ciconia

Track 48

Nicht nur für PR-Strategen, sondern auch für Störche gehört Klappern zum Handwerk, denn da ihre Stimme dank kaum oder überhaupt nicht vorhandener Muskulatur des Stimmapparates nur schwach ausgeprägt ist, können Meister Adebar und seine Artgenossen nur durch ein mehr oder weniger heftiges Geklapper mit dem Schnabel kommunizieren. Kein Wunder also, dass man den Weißstorch umgangssprachlich auch gerne als Klapperstorch bezeichnet.

Das Klappern dient in erster Linie der Verständigung untereinander, vor allem zur Begrüßung des Partners. Das schnelle Aneinanderschlagen der Schnabelhälften ist aber auch oft zu Beginn der Balz zu hören. Es wird jedoch nicht nur zu freundlichen Anlässen geklappert. Auch Fressfeinde oder Nestkonkurrenten sollen durch heftiges Geklapper, das in solchen Situationen oft noch von einer Art Fauchen oder Zischen begleitet wird, vom Nest ferngehalten werden.

Die Frage, warum Störche klappern, wäre damit geklärt, aber woher kommt der Mythos, dass es ausgerechnet der Klapperstorch ist, der die Säuglinge zu ihren Müttern bringt? Übrigens ein Mythos den Eltern bereits seit nahezu 400 Jahren ihren Sprösslingen erzählen, wohl meist um sich den oft als peinlich empfundenen Fragen der Kinder zum Thema Sexualität zu entziehen.

Sehr wahrscheinlich geht die Legende vom Storch, der die Kinder bringt, auf die altdeutsche Mythologie zurück, nach der die kleinen Kinder vor der Geburt im Wasser wohnen – und wer wäre da besser geeignet als ein großer Sumpf- und Wasservogel wie der Storch, um die Babys aus dem kühlen Nass zu ihren Müttern zu bringen. Zu dieser Überlieferung passt auch der Name Adebar, der sich aus dem althochdeutschen Wort »odaboro« ableitet, was sich mit Glücksbringer übersetzen lässt. In Thüringen hat der Weißstorch übrigens noch eine weitere Funktion: Er überbringt die Ostereier. Sozusagen an Hasen statt.

Einer anderen Interpretation zufolge bezieht sich die Kinderbring-Legende jedoch gar nicht auf den Schreitvogel mit dem langen roten Schnabel, sondern auf das Heilkraut Storchschnabel, dem man nachsagt, dass es als Tee aufgebrüht auch lange versagte Kinderwünsche erfüllen soll.

Auch beim Storch gehört Klappern zum Handwerk.

Humboldtpinguin

Spheniscus humboldti

Track 49

2005 sorgte das Sexualleben einiger Humboldtpinguine im »Zoo am Meer« in Bremerhaven gleich weltweit für Schlagzeilen. Im Zoo hatte man damals nämlich mittels Genanalyse herausgefunden, dass gleich sechs von zehn Pinguinmännchen schwul waren. Da der Pinguinnachwuchs im Zoo jedoch zu wünschen übrig ließ, entschloss sich die Bremerhavener Zoodirektion, die schwulen Pinguinmänner durch Import von vier attraktiven Pinguindamen aus einem befreundeten schwedischen Zoo sozusagen ans andere Ufer zurückzuholen. Als der Zoo seine Pläne in der Presse ankündigte, entwickelte sich der Fall der schwulen Pinguine zu einem regelrechten Politikum. Homosexuellenorganisationen aus der ganzen Welt riefen Zoodirektion und Stadtverwaltung in zahlreichen Protestschreiben auf, den Gay-Pinguinen gefälligst ihr Recht auf sexuelle Selbstbestimmung zu lassen.

Die Rufe des Humboldtpinguins erinnern an das »Trompeten« eines Esels.

So forderte etwa ein österreichischer Unterzeichner vom sozialdemokratischen Bremerhavener Oberbürgermeister, den Versuch an den »rechtsunmündigen Schutzbefohlenen« aus der Vogelwelt zu unterbinden, zumal sich das Vorhaben nicht mit der von der SPD ermöglichten Lebenspartnerschaft gleichgeschlechtlicher Paare vertrage.

Aber interessanterweise stellte es sich heraus, dass alle Sorgen wegen einer möglichen »Fremdbestimmung« des Bremerhavener Pinguinliebeslebens völlig überflüssig waren, denn die Pinguinmänner zeigten den aus Skandinavien importierten Damen die kalte Schulter und blieben bei ihren männlichen Partnern.

Bei der Balz der Humboldtpinguine, die in jedem Zoo zu den Publikumslieblingen gehören, geht es übrigens sehr lautstark zu: Zunächst positioniert sich das Männchen mit weit ausgebreiteten Flossen und den Schnabel gegen den Himmel gereckt am Eingang seiner Bruthöhle und versucht, durch trompetenartige Rufe, die an das Geschrei eines Esels erinnern, das Interesse eines Weibchens (oder, wie im Bremerhavener Fall, eines Männchens) zu gewinnen. Haben sich zwei Partner gefunden, wird in trauter Zweisamkeit Brust an Brust abwechselnd gerufen. Anschließend inspiziert das Weibchen die Bruthöhle, und bei Gefallen kommt es dann zur Paarung.

Indische Kobra

Naja naja

Track 50

Es ist schon ein wirklich furchterregendes Bild, wenn eine gereizte oder in die Ecke getriebene Kobra ihre typische Drohhaltung einnimmt: Die Giftschlange hebt zunächst ihren Vorderkörper – oft bis auf Augenhöhe ihres Gegners – und spreizt dabei ihr Nackenschild, um für ihre Feinde größer und bedrohlicher zu erscheinen. Dabei fixiert sie den Angreifer und schwankt mit dem stets zum Angriff bereiten Kopf oft minutenlang hin und her, während sie laut wütende Drohgeräusche ausstößt, die freilich eher an das Fauchen einer Katze oder eines Schwans als an das typische Zischen einer Schlange erinnern.

Wer jetzt dieses Gesamtpaket an Warnsignalen der Kobra immer noch nicht ernst nimmt und sich weiter auf die Schlange zu bewegt, muss damit rechnen, dass das Tier sehr schnell zubeißt. Und das kann sich dann rasch zu einer Sache auf Leben und Tod entwickeln, denn Indische Kobras, die wegen der charakteristischen Brillenzeichnung auf ihrem Nackenschild auch als Brillenschlangen bezeichnet werden, gehören zu den gefährlichsten Giftschlangen überhaupt. Theoretisch reicht 1 g Kobragift aus, um entweder 160.00 Mäuse, 150 Hunde oder aber 80 Menschen zu töten, und der Schlange stehen immerhin 2,5 g zur Verfügung. Das hochpotente Nervengift lähmt nicht nur die Atmung, sondern beeinträchtigt auch gleichzeitig die Blutgerinnung und zerstört die für den Sauerstofftransport so wichtigen roten Blutkörperchen.

Kobra in typischer Drohhaltung.

In Indien gaukeln sogenannte Schlangenbeschwörer ihren Zuschauern gerne vor, dass sie eine Kobra mit dem Spiel auf einer Flöte zum Tanzen bringen können. Wahr ist jedoch: Egal wie kunstvoll der Schlangenbeschwörer sein Instrument auch beherrscht, die Kobra kann sich gar nicht zur Flötenmusik bewegen, da sie, wie alle anderen Schlangen auch, stocktaub ist. Die Tiere reagieren vielmehr auf die Bewegungen der Flöte und des Gauklers, aber auch auf die Schwingungen, die der Klang im Boden verursacht. Und die Gefahr hält sich dabei in deutlichen Grenzen, da den Schlangen in den meisten Fällen vor ihrem Auftritt die Giftzähne abgebrochen oder auf anderem Wege entfernt wurden.

Schwarzschwanz-Klapperschlange

Crotalus molossus

Track 51

»Es klapperte die Klapperschlang', bis ihr Klappern schlapper klang« – das behauptet zumindest der mittlerweile zu einem Klassiker gewordene Schüttelreim eines unbekannten Verfassers. Aber wie klappern eigentlich Klapperschlangen, und warum tun sie das überhaupt?

Ihren Namen verdankt die wegen ihrer Giftigkeit gefürchtete Klapperschlange ihrer Rassel am Schwanzende. Diese Rassel besteht aus einer Anzahl von lose übereinandergreifenden Horngliedern, die gelenkig miteinander verbunden sind. Mit der Rassel kann die Schlange ein rasselndes oder schwirrendes Geräusch erzeugen, indem sie die Hornglieder mit hoher Geschwindigkeit (40- bis 60-mal pro Sekunde) hin- und herschüttelt. Das Rasseln ist so laut, dass es noch auf eine Entfernung von bis zu 30 m zu hören ist. Bei sehr feuchtem Regenwetter funktioniert die Klapper übrigens nicht.

Mit jeder Häutung, die bis zu viermal im Jahr stattfindet, kommt ein weiteres Hornglied hinzu. Allerdings kann man nicht, wie oft fälschlicherweise behauptet wird, ähnlich wie bei den Jahresringen eines Baumes von der Anzahl der Hornglieder auf das Alter der Schlange schließen, da ältere Teile der Rassel oft im Laufe der Zeit abbrechen.

Und welchen Zeck verfolgen die extrem giftigen Schlangen mit ihrem oft überaus heftigen Geklapper?

Ein Einsatz der Klapper als Kommunikationsinstrument der Tiere untereinander ist mit Sicherheit auszuschließen, da Klapperschlangen – wie übrigens alle Schlangen – stocktaub sind, also weder das eigene Gerassel noch das Geklapper fremder Klapperschlangen überhaupt hören können. Auch die Theorie, dass die Giftschlangen mit ihrem Geklapper Beutetiere anlocken wollten, macht wenig Sinn – welches Tier, sieht man vom Klapperstorch (S. 67) ab, steht schon so auf klappernde Laute, dass es dafür Kopf und Kragen riskiert.

Nein, das Geklapper ist eine Verteidigungsstrategie, die allen 29 Arten von Klapperschlangen, die in Nord-, Süd- und Mittelamerika leben, gemeinsam ist.

Fühlen sich die Schlangen durch ein großes Säugetier oder einen Menschen bedroht, rollen sie sich am Boden zusammen und erzeugen mit senkrecht gehaltener Schwanzspitze mit Hilfe ihrer Klapper das charakteristische Geräusch, einen Warnlaut frei nach dem Motto: »Bleib weg, oder du hast mit einem tödlichen Giftbiss zu rechnen!« Diese Warnung durch die Rassel ist vor allem gegenüber großen Huftieren, etwa Rindern oder Bisons, die eine Klapperschlange durchaus unbeabsichtigt zertreten können, sehr effektiv. Wird die rasselnde Warnung von einem Tier oder einem Menschen aus welchen Gründen auch immer ignoriert, können Klapperschlangen nicht nur äußerst ungemütlich, sondern auch zu einer tödlichen Gefahr werden. Auch für Menschen – insbesondere Kinder oder geschwächte Personen – kann der Biss einer Schwarzschwanz-Klapperschlange durchaus gefährlich werden, da ihr Gift die Herz- und Lungenfunktion unterdrückt und auch lokal zu Gewebezerstörungen führt. Erstmals erwähnt wurde diese Tatsache übrigens bereits 1630 von einem Geistlichen namens Francis Higginson , der in seinem Werk »New-England's Plantation« berichtete, es gebe in den Wäldern Neuenglands Schlangen, die »Rasseln in ihren Schwänzen haben, und die nicht vor dem Menschen fliehen wie andere Schlangen, sondern sich auf ihn stürzen und ihn zu Tode beißen.«

In den USA sterben im Schnitt jährlich 15 Menschen an Klapperschlangenbissen, obwohl in den relevanten Gegenden in den meisten Arztpraxen entsprechende Antiseren vorhanden sind.

Da sich das Klappern der Klapperschlangen gerade gegenüber unspezialisierten Raubtieren als äußerst effektives Warnsignal erwiesen hat, versucht gleich eine ganze Reihe anderer Tiere mehr oder minder geschickt, das Geräusch der Klapperschlangenrassel zu imitieren und damit gefährliche Fressfeinde auf Distanz zu halten. Ein Verhalten, das in Wissenschaftskreisen übrigens als akustische Mimikry bezeichnet wird.

Ein ganz außergewöhnliches Exemplar dieser akustischen »Trittbrettfahrer« ist die nordamerikanische Kanincheneule, die es sich – völlig untypisch für einen Vogel – unter der Erde gemütlich gemacht hat und dort vorzugsweise die verlassenen Bauten von Präriehunden bewohnt.

Fühlt sich die Kanincheneule in ihrem unterirdischen Versteck durch einen eigentlich überlegenen Gegner wie etwa einen Streifenskunk oder einen Silberdachs bedroht, ahmt sie sofort durch heftiges Geklapper mit dem Schnabel täuschend echt das warnende Klappergeräusch einer Klapperschlange nach. Und das mit großem Erfolg, denn fast immer suchen jetzt die getäuschten Gegner schleunigst das Weite, wollen sie sich doch auf gar keinen Fall mit einer giftigen Klapperschlange in irgendwelche Streitigkeiten einlassen.

Mit ihrer Rassel können Klapperschlangen ein schwirrendes Geräusch erzeugen.

Tokee

Gekko gecko

Track 52

Im Gegensatz zu den meisten anderen Echsen hat der männliche Tokee eine äußerst laute und kräftige Stimme. Die lauten »to-kay«-Rufe, die dem nachtaktiven Gecko auch seinen Namen eingebracht haben, dienen der Anlockung von Weibchen und sind in den tropischen Regenwäldern Südostasiens oft über große Entfernungen zu vernehmen. Die Tokee-Weibchen können freilich nicht auf die gleiche Weise antworten; sie bringen lediglich eine Art Quäken oder Fauchen hervor.
Tokees sind bei Terrarienfreunden äußerst beliebt, da die farbenfrohen Gesellen ziemlich unkompliziert in der Haltung sind. Allerdings sollte man vor der Anschaffung eines Tokees bedenken, dass die nächtlichen Rufe der Männchen so laut sind, dass sie in einem Mietshaus leicht zu Streitigkeiten mit den Nachbarn führen können, die durchaus auch vor Gericht enden können.

Der männliche Tokee hat eine äußerst laute und kräftige Stimme.

Tokees sind, ebenso wie andere Geckos, berühmt für ihre Fähigkeit, völlig mühelos an glatten Wänden hochzulaufen oder sogar an der Zimmerdecke entlangzuhuschen – für Geckos scheinen die Gesetze der Schwerkraft nicht zu gelten. Erst vor Kurzem gelang es amerikanischen Wissenschaftlern, das Geheimnis der Geckokletterkünste zu lüften: Ihre außergewöhnlichen Haftfähigkeiten verdanken die kleinen Reptilien der speziellen Konstruktion ihre Füße. An der Fußunterseite der Geckos sitzen, dicht gedrängt, Millionen von feinen Härchen, die wiederum an ihren Spitzen in bis zu tausend winzige Wülste aufgespalten sind. Diese gerade mal ein 200 Millionstel Millimeter dicken Strukturen binden sich über elektrodynamische Wechselwirkungen an die Moleküle des Untergrunds, auf dem die Geckos sitzen. Diese sogenannten Van-der-Waals-Kräfte sind zwar relativ schwach, doch in der Summe reicht die Haftkraft der vielen Milliarden winziger Wülste locker aus, um die kleinen Echsen an der Decke »kleben« zu lassen.
In ihrer südostasiatischen Heimat ranken sich jede Menge Mythen um die schreienden Geckos. Generell gelten die kleinen Kletterkünstler als Glücksbringer und sind daher von den Einheimischen im Regelfall sehr geschätzt. So soll ein Tokee, der in einer Hütte ruft, diese vor Schaden bewahren, und schreit ein Tokee bei der Geburt eines Babys, wird es ein Leben lang vom Glück begleitet sein. Auf der anderen Seite werden die Tokees in Thailand auch gefürchtet, da man einem alten Aberglauben nach erblindet, wenn einem eine der kleinen Echsen ins Gesicht springt.

Tyrannosaurus rex

Track 53

Wer einmal dem Gebrüll eines leibhaftigem Tyrannosaurus rex lauschen will, muss sich nur ins Londoner Natural History Museum begeben. Dort ist seit dem Jahre 2001 ein rund 7 m langes Modell des berühmtesten Dinosauriers der Welt zu besichtigen, das gelegentlich – mit Hilfe modernster Computertechnik – furchterregend durch das Museum brüllt. Die weltweit modernste und raffinierteste Replik des gefürchteten Urzeitmonsters, deren Herstellung stolze 400.000 Euro verschlungen hart, kann jedoch noch weit mehr als »nur« lautstark durch die Museumshallen zu röhren: Arme und Beine des naturgetreuen Modells sind voll beweglich und dank eines eingebauten Bewegungsmelders kann der Dino-Roboter auch kräftig nach vorbeilaufenden Besuchern schnappen, was von diesen meist mit einem wohligen Schauern quittiert wird. Und als wäre das alles noch nicht genug, kann der geneigte Besucher den Dino auch noch riechen. Allerdings wurde bei dem in Zusammenarbeit mit einer Parfümfirma produzierten »Dinosaurierduft« eine deutlich entschärfte Version gewählt, denn nach Ansicht von führenden Paläontologen muss der Atem des »Königs der Kreidezeit« dank zwischen den riesigen Zähnen sanft vor sich dahin rottender Fleischfasern pestilenzartig gestunken haben. Und einen solchen Geruch wollte man den Nasen der Museumsbesucher dann doch nicht zumuten.

Aber um auf das Tyrannosaurus-Gebrüll zurückzukommen: Obwohl die Wissenschaft

Welche Laute ein Tyrannosaurus rex von sich gegeben hat, wird wohl immer ein Geheimnis bleiben.

heute deutlich mehr über die Lebensweise der Urzeitechsen weiß, als noch vor einigen Jahrzehnten, sind noch längst nicht alle Geheimnisse der Dinosaurier entschlüsselt worden. Denn nur die Knochen, nicht aber die Weichteile der Saurier, wie etwa die Haut, das Gehirn oder eben die Stimmbänder sind als Fossilien über viele Millionen Jahre hinweg erhalten geblieben. So werden wir wohl über die Farbe, das Verhalten und natürlich auch über die Lautäußerungen der Giganten der Vorzeit mit größter Wahrscheinlichkeit niemals genaue Erkenntnisse erhalten. Die meisten Wissenschaftler sind sich jedoch darüber einig, dass die Dinosaurier über eine Stimme verfügten, aber ob sie brüllten, muhten oder pfiffen, das wird wohl immer das Geheimnis der Giganten der Vorzeit bleiben.

Mississippi-Alligator

Alligator mississippiensis

Track 54

Wenn im Frühjahr in den Everglades, den berühmt-berüchtigten Sümpfen Floridas, ein laut dröhnendes Grunzen zu vernehmen ist, sind dort nicht etwa die Schweine los, nein, hier sind männliche Mississippi-Alligatoren zu vernehmen, die sich auf Brautschau begeben haben. Oft grunzen die Alligatormänner auch gemeinsam nach den Damen und sind dann quasi als reiner Männerchor oft kilometerweit zu hören.

Unter allen Panzerechsen können Alligatoren das vielfältigste Spektrum an Lauten hervorbringen – und das, obwohl sie noch nicht einmal in Besitz von Stimmbändern sind. So verwenden Weibchen Grunzlaute, um nach ihren Jungen zu rufen, während unerwünschte Artgenossen mit einem kräftigen Zischen auf Distanz gehalten werden.

Zusätzlich zu ihrer Grunzerei baggern Alligatorenmännchen die Weibchen zudem mit tiefen, für das menschliche Gehör nicht wahrnehmbaren Lauten (Infraschall) an (S. 8).

Nach der Paarung legen die Weibchen ihre Eier in ein hügelartiges Nest aus Schlamm und Pflanzenresten. Das Brutgeschäft überlassen die Alligatordamen dabei der Wärme der Sonne und der Gärungsprozesse des Pflanzenmaterials.

Erstaunlicherweise ist es bei Alligatoren, die über keine Geschlechtschromosomen verfügen, die Nesttemperatur, die über das Geschlecht des Nachwuchses entscheidet. Bei Temperaturen unter 30 °C werden ausschließlich Alligatormädchen ausgebrütet, bei höheren Temperaturen sind es überwiegend Jungs. Nach etwa zehn Wochen Brutzeit signalisieren die kleinen, noch im Ei befindlichen Alligatoren ihrer sich ständig in der Nähe aufhaltenden Mutter durch lautes Quäken, dass sie schlüpfbereit sind.

Alligatoren können ein vielfältiges Spektrum an Lauten hervorbringen.

Ochsenfrosch

Rana catesbeiana

Track 55

Es ist der an das dumpfe Muhen eines gelangweilten Stiers erinnernde Ruf, der dem Ochsenfrosch seinen ungewöhnlichen Namen eingebracht hat. Mit dem bis zu 2 km weit zu hörenden nächtlichen »Ochsengebrüll« versuchen die Männchen während der Balzzeit, Weibchen anzulocken und ihr Revier akustisch abzustecken.

Die Frösche, die mit einer Körperlänge von 60 cm und einem Gewicht von oft mehr als 1 kg wahre Giganten unter den Amphibien sind, stammen ursprünglich aus Nordamerika und sind erst seit kürzerer Zeit an einigen deutschen Seen heimisch. Verantwortlich für die deutschen Populationen des Ochsenfroschs waren zumeist Aquarienfreunde, die die exotischen Tiere als Kaulquappen im Zoohandel kauften und sie später, als die Tiere zu groß wurden, einfach im nächstbesten See aussetzten.

Naturschützer sehen in dem Neubürger aus Übersee freilich eine nicht zu unterschätzende Gefahr für die heimische Tierwelt, denn der Ochsenfrosch ist nicht nur äußerst vermehrungsfreudig, sondern verspeist auch nahezu alles, was ihm vors riesige Maul kommt.

So stehen auf dem Speiseplan des schleimigen Vielfraßes nicht nur heimische Amphibien, sondern auch Ratten, Mäuse und sogar junge Enten.

Die ersten Ochsenfrösche wurden übrigens bereits 1934 nach Deutschland eingeführt, wo sie bei Celle eine Froschschenkelproduktion begründen sollten. Allerdings wurde die Farm nach massivem Protest benachbarter Teichwirte bald wieder geschlossen.

Sein »Ochsengebrüll« hat dem Ochsenfrosch seinen Namen eingebracht.

Eine amerikanische Studie hat übrigens vor Kurzem Erstaunliches in Sachen Ochsenfroschgequake ans Licht gebracht. Männliche Ochsenfrösche geraten bei ihren Balzgesängen »quaktechnisch« gesehen oft heftig ins Stottern, während sie ihre Revierbeanspruchungsgesänge fließend und ohne lästige Stotterpausen zum Besten geben.

Diese Tatsache lässt eigentlich nur einen Schluss zu: Offensichtlich können weibliche Ochsenfrösche – wohl im Gegensatz zu den meisten ihren menschlichen Kolleginnen – einem stotternden Bewerber durchaus etwas abgewinnen, um nicht zu sagen, in Ochsenfroschkreisen scheint Stottern besonders sexy zu sein.

Laubfrosch

Hyla arborea

Track 56

Ausgerechnet die winzigen Laubfrösche sind es, die über die lauteste Stimme aller mitteleuropäischen Froschlurche verfügen. Der Lärm der kleinen Krakeeler kann in einer Entfernung von 50 cm bis zu 90 Dezibel erreichen – eine Lautstärke, die auf diese Entfernung für einen Menschen auf Dauer geradezu gehörschädigend ist. Wie bei anderen Froscharten sind es auch bei den Laubfröschen die Männchen, die mit ihrem scharfen, lauten »cräck, cräck, cräck, cräck« paarungsbereite Weibchen, die aus den Winterquartieren zum Laichgewässer wandern, anlocken wollen.

Die Balzgesänge starten meist unmittelbar nach Sonnenuntergang und dauern bis tief in die Nacht.

Und weil der kleine Schreihals über einen vergleichsweise riesigen Kehlkopf verfügt und zusätzlich seine kehlständige Schallblase als Verstärker nutzen kann, erreicht er mit seinen Rufen auch Laubfroschdamen, die sich in 2 km Entfernung nach einem potenziellen Liebhaber umhorchen. In Ruhestellung ist die Schallblase wie ein »schlaffer Sack« an der Kopfunterseite erkennbar, ein Merkmal, an dem sich die Geschlechter während der Balzzeit gut unterscheiden lassen.

Nähert sich dann ein vom Gesang betörtes Weibchen einem balzenden Troubadour, unterbricht dieser auf der Stelle sein Gequake und versucht sofort, auf den Rücken des Weibchens zu klettern und es fest in der Achselgegend zu umklammern. Dort verbleibt der Herr dann mit großer Geduld, bis es Stunden, manchmal aber auch erst Tage später zum Ablaichvorgang kommt und das Männchen die aus der Geschlechtsöffnung des Weibchens austretenden Eier besamen kann.

Wissenschaftliche Untersuchungen zeigen übrigens ganz klar, dass die am lautesten rufenden Männchen bei den Weibchen die besten Chancen haben.

Bei ihren Minnegesängen tun die Laubfroschherren zudem noch etwas für ihre schlanke Linie. Das nächtliche Rufen nach den Weibchen ist nämlich derart energieaufwendig, dass die Männchen während der Balz rund 13 Prozent ihres Körpergewichts verlieren.

Die Antwort der Weibchen fällt stimmlich gesehen übrigens eher bescheiden aus, bei den Laubfroschdamen reicht es nämlich gerade mal zu einem leisen Fiepen.

Nun können freilich auch weniger stimmbegabte Laubfroschherren bei den Damen landen – immer vorausgesetzt, sie greifen ganz tief in ihre Trickkiste. Der Grundsatz »ohne Fleiß kein Preis« wird von rund zwei Prozent der Männchen äußerst elegant unterlaufen. Diese Laubfroschmänner nehmen überhaupt nicht am Gesangswettstreit der Männchen teil, sondern verstecken sich, mucksmäuschenstill, ganz in der Nähe eines stimmgewaltigen Quakers. Bewegt sich dann ein von den Minnegesängen angelocktes Weibchen auf den laut rufenden Troubadours zu, springt das Satelliten-Männchen, wie der Trittbrettfahrer in Wissenschaftskreisen genannt wird, aus seinem oft nur wenige Zentimeter entfernten Versteck und versucht, sich die arglistig getäuschte die Dame unter den Nagel zu reißen. Die »Balz-Schmarotzer« kommen mit diesem Trick oft schneller zu einem Schäferstündchen als ein Männchen mit durchaus kräftiger Stimme.

Mit Ende der Balz verstummen die Laubfroschherren aber noch lange nicht. Auch im Herbst sind an sonnigen Tagen – im sogenannten Altweibersommer – die Stimmen der männlichen Laubfrösche deutlich zu vernehmen. Allerdings klingen die Rufe jetzt etwas krächzend oder knarzend, ganz so, als sei ihre Kehle von den anstrengenden Minnegesängen des Frühjahrs und des Spätsommers noch etwas heiser. Die Wissenschaft hat bisher noch keine Erklärung für den Sinn und Zweck dieser sogenannten Herbstrufe gefunden – vielleicht sind sie ja einfach nur Ausdruck des Wohlbefindens und der Zufriedenheit der kleinen Sänger.

Weil man glaubte, Laubfrösche könnten das Wetter vorhersagen, wurden die kleinen Frösche früher oft in einem mit einem Leiterchen ausgestatteten Einmachglas gehalten. Saß der Frosch oben auf der Leiter, konnte man sich auf schönes Wetter einstellen, saß er unten, stand Regen bevor – so die Interpretation. Und der Glaube an den Laubfrosch als Wetterfrosch hat sogar einen wahren Kern: Es ist allerdings in erster Linie sein Appetit und nur indirekt das Wetter, das den Laubfrosch klettern lässt. Seine bevorzugte Beute – Insekten aller Art – fliegen bei schönem Wetter in größeren Höhen, während sie sich bei Regenwetter in Bodennähe unter dem Blattwerk verkriechen. Also hält sich der Laubfrosch dort auf, wo sich auch seine Nahrung befindet. Würde man den Laubfrosch im Einmachglas am Boden ausreichend zu fressen geben, würde er auch bei gutem Wetter nicht nach oben steigen.

Wie viele Amphibien ist der Laubfrosch bei uns selten geworden. Schuld daran ist die zunehmende Einschränkung seines Lebensraumes. Um auf die Gefährdung der wohl bekanntesten heimischen Froschart hinzuweisen, wurde der kleine Quaker deshalb von der Deutschen Gesellschaft für Herpetologie und Terrarienkunde (DGHT) zum Frosch des Jahres 2008 ernannt.

Laubfrösche können ihre kehlständige Schallblase als Verstärker benutzen.

Agakröte

Bufo marinus

Track 57

Sie waren dick, extrem hässlich und auch noch sehr giftig, und doch wurden die im Jahr 1935 aus Venezuela importierten 110 Agakröten von den Farmern im Nordosten Australiens mit Begeisterung empfangen. Die bis zu 2 kg schweren Tiere, deren eigentliches Verbreitungsgebiet sich über Süd- und Mittelamerika bis nach Texas erstreckt, waren zur Bekämpfung des Zuckerrohrkäfers eingeführt worden, der den Zuckerrohrfarmern Down under immer wieder herbe Ernteverluste bescherte. Aber der Plan schlug völlig fehl, denn der Lebenszyklus der importierten Kröten stimmte nicht mit dem des Zuckerrohrkäfers überein. So verbargen sich die Kröten noch immer in der Erde, als die Käfer bereits geschlüpft waren und sich über das Zuckerrohr hermachten, bei dem es sich immerhin um das damals zweitwichtigste Exportgut des Fünften Kontinents handelte. Und als die Kröten im Spätfrühjahr endlich ihr Winterversteck verließen, hatten die Käfer schon die oberen Regionen der Pflanzen erobert und waren damit außer Reichweite ihrer behäbigen Fressfeinde. Schlimmer noch: Die vermeintliche biologische Geheimwaffe wurde selbst zur Plage. Statt, wie eigentlich geplant, Schädlinge zu dezimieren, vertilgten die Kröten so ziemlich alles, was sich in die Nähe ihrer gewaltigen Mäuler wagte: Insekten, Frösche, Eidechsen, Schildkröten und Kleinsäuger, und ab und an machten sich die gefräßigen Tiere sogar über die eigenen Jungen her. Noch dazu haben die Kröten in Australien keine natürlichen Feinde zu fürchten. Vor Fressfeinden schützen sich die Kröten nämlich mit einem perfekten körpereigenen Abwehrsystem: Aus zwei Drüsen an ihrem Kopf sind sie in der Lage, bei Gefahr ein giftiges Sekret zu produzieren, das sie über die ganze Rückenhaut verteilen können. Sowohl wilde Tiere wie Schlangen oder Warane, die sich normalerweise von Fröschen ernähren, aber auch Haustiere wie Hunde und Katzen bezahlen den Versuch, eine der Giftkröten zu fressen, meist mit dem Leben. Sich hartnäckig haltende Gerüchte behaupten, sogar ausgewachsenen Krokodilen würden eine Krötenmahlzeit nicht überleben.

Dank ihrer unglaublichen Gefräßigkeit, ihrer hohen Nachkommenschaft und dem Mangel an natürlichen Feinden vermehrte sich die Agakröte explosionsartig und wurde innerhalb kürzester Zeit zu einem gefährlichen Schädling, der Teile der einheimischen Fauna und Flora massiv bedrohte. Ein halbes Jahr nach der Einfuhr der Kröten war ihre Zahl bereits auf 60.000 Exemplare angestiegen.

Heute gehen Fachleute von hundert Millionen der gefräßigen Tiere aus. Die Schäden, die die Tiere bisher angerichtet haben, belaufen sich nach vorsichtigen Schätzungen von Experten auf mehrere 100 Millionen australische Dollar.

Und die Kröten breiten sich immer weiter aus. Inzwischen bevölkern sie Queensland, große Teile des Northern Territory und New South Wales. Mittlerweile hat selbst die Ausbreitungsgeschwindigkeit drastisch zugenommen, denn im Laufe der Zeit haben die Tiere deutlich längere Hinterbeine entwickelt, sodass die Kröten heute um ein Vielfaches schneller vorankommen als noch vor 70 Jahren. Damit sind die Amphibien für die Wissenschaft der lebende Beweis, dass Charles Darwin mit seiner Evolutionstheorie richtig lag. Kein Wunder also, dass der Agakröte seitens der australischen Regierung der Krieg erklärt wurde. Der Vormarsch der alles verschlingenden Amphibien soll jetzt aufgehalten und die Tiere bekämpft werden. Dies wird sich sicherlich nicht einfach gestalten, denn obwohl in der Vergangenheit Millionen von Dollar ausgegeben wurden, um Methoden zu entwickeln, den Kröten den Garaus zu machen, waren die Ergebnisse bisher eher bescheiden. Weder die Gentechnik noch der Einsatz von importierten Fressfeinden oder gar tödlicher Viren brachte den gewünschten Erfolg. Auch sogenannte Toad-blasters – batteriebetriebene Lautsprechersysteme, aus denen der Lockruf der männlichen Agakröte, der von Ohrenzeugen gerne mit dem hellen Brummen eines kleinen, laufenden Motors verglichen wird, ertönt und weibliche Tiere in tödliche Fallen locken soll, brachten nur überschaubare Erfolge.

Vor Kurzem haben jedoch Wissenschaftler aus Queensland möglicherweise die Achillesferse der renitenten Kröten entdeckt – ihr offensichtliches Faible für Diskothekenbeleuchtung. Die Krötenforscher haben nämlich herausgefunden, dass das sogenannte UV-Schwarzlicht, das in Diskotheken für bläulich schimmernde Kleidung sorgt, die gefräßigen Amphibien geradezu magisch anzieht. Mit Diskolicht bestückte Fallen brachten dann auch folgerichtig äußerst vielversprechende Ergebnisse.

Der Lockruf der männlichen Agakröte erinnert an das Brummen eines Motors.

Krallenfrosch

Xenopus laevis

Track 58

Es war der Krallenfrosch, der früher, als man Schwangerschaften noch nicht auf chemischem Wege nachweisen konnte, darüber zu urteilen hatte, ob eine Frau ein Kind erwartete oder nicht. Beim sogenannten Froschtest wurde nämlich damals einfach einem weiblichen Krallenfrosch eine kleine Menge Urin einer vermeintlich schwangeren Frau unter die Haut gespritzt. Lösten die im Urin enthaltenen Hormone beim Frosch innerhalb von zwei Tagen eine Eiablage aus, war erwiesen, dass die Frau tatsächlich ein Kind erwartete. Kein Wunder also, das es in den 1930er- und 1940er-Jahren zu einem schwunghaften Handel mit Krallenfröschen kam und die begehrten Amphibien gleich zu Tausenden aus ihrem Heimatland Afrika nach Europa und den USA exportiert wurden, um dort den steigenden Bedarf am »Schwangerschaftstest auf vier Beinen« zu befriedigen.

Als dann in den 1960er-Jahren immunologische Schwangerschaftstests auf den Markt kamen, wurden die Frösche mit einem Schlage arbeitslos und von ihren Besitzern in Massen in die Freiheit entlassen. So existieren heute, vor allem in den USA, aber auch in den Niederlanden und in Frankreich, zahlreiche frei lebende Populationen dieser ursprünglich in Afrika beheimateten Art.

Neben seiner Funktion als »lebender Schwangerschaftstest« kann der rund 10 cm große Krallenfrosch, der seinen Namen den drei inneren Zehen seiner Hinterbeine verdankt, die mit kräftigen, schwarzen Hornkrallen versehen sind, noch mit einer weiteren Besonderheit aufwarten: Er singt unter Wasser! Bei diesen Unterwassersängern handelt es sich meist um Männchen, die mit ihren mit dunkler Stimme vorgetragenen »kreik-kreik«-Rufen die holde Weiblichkeit anlocken wollen.

Der Krallenfrosch singt unter Wasser.

Rotbauchunke

Bombina bombina

Track 59

Allen Unkenrufen zum Trotz kann man auch mit Unkenrufen Erfolg bei den Damen haben – zumindest dann, wenn man eine männliche Rotbauchunke ist. Die Rotbauchunkenmännchen jedenfalls locken mit ihren stets etwas melancholisch klingenden »uuh ... uuh ... uuh ...«-Rufen recht erfolgreich paarungswillige Weibchen an. Neben der Brautwerbung dienen die immer etwas unheimlich und stimmungsvoll zugleich klingenden Lautäußerungen auch zur Abgrenzung des recht kleinen Reviers gegen unliebsame Rivalen. Gesungen – übrigens meistens im Chor – wird dabei vor allem am Nachmittag und in der ersten Nachthälfte. Im Gegensatz zur nahe verwandten Gelbbauchunke hört man von der Rotbauchunke jedoch nur selten mehr als 40 Rufe pro Minute. Allerdings ist eine Wassertemperatur von mindestens 12 °C notwendig, damit die Unkenherren ihre Balzrufe ertönen lassen, die erstaunlicherweise denen der Zwergohreule sehr ähnlich sind.

Die Art und Weise, wie die Unkenmännchen ihre Rufe erzeugen, unterscheidet sich von allen anderen Froschlurchen wie Fröschen, Laubfröschen oder Kröten: Zunächst einmal füllen die im Flachwasser sitzenden oder auf dem Wasser treibenden Männchen durch pumpende Bewegungen des Mundbodens ihre Lungen mit Luft und pressen diese anschließend in ihre Kehlblasen, die dadurch hervorgestülpt werden. Die Unkenrufe werden nun durch das Zurückdrücken der Luft aus den Kehlblasen durch den stimmerzeugenden Kehlkopf in die Lungen erzeugt. Bei diesem Vorgang sind Mund und Nasenlöcher dicht verschlossen. Bei allen anderen Froscharten verläuft dieser Vorgang umgekehrt.
Leider gilt die Rotbauchunke heute in Mitteleuropa als vom Aussterben bedroht.

Die Rotbauchunke hat mit Unkenrufen Erfolg bei den Weibchen.

Nördlicher Bootsmannfisch

Porichthys notatus

Track 60

»Er ist so stumm wie ein Fisch«, behauptet der Volksmund. Doch auch der so oft zitierte Volksmund liegt ab und an kräftig daneben, denn viele Fischarten sind alles andere als stumm. Ein ganz spezieller Vertreter, der Nördliche Bootsmannfisch, gehört sogar zu den stimmgewaltigsten Tieren im gesamten Tierreich.

Die rund 25 cm großen Meeresfische erzeugen ihre Gesänge mittels ihrer Schwimmblase, die sie dank einer sehr schnellen Muskulatur derart vibrieren lassen können, dass ein Ton mit hoher Frequenz entsteht, der nach Aussagen von entnervten Ohrenzeugen irgendwo zwischen dem monotonen Brummen eines Außenbordmotors, dem gewaltigen Tuten eines Nebelhorns und den Geräuschen liegt, die ein B-29 Bomber verursacht.

Die, um es vorsichtig auszudrücken, optisch wenig ansprechenden Fische, die vom Habitus an eine Kreuzung aus Kröte und Karpfen erinnern, sind, aller Hässlichkeit zum Trotz, in den Augen ihrer Weibchen begnadete Sangeskünstler, denn was in menschlichen Ohren gar schrecklich klingt, empfinden die Fischdamen als Liebeslied der gehobenen Klasse. Und so locken die Männchen in der Paarungszeit mit ihrem Gesang die Weibchen in seichte Küstenwasser und versuchen, sie musikalischerweise zur Eiablage zu bewegen. Die Liebeslieder sind dabei so laut und lang andauernd, dass die Bewohner von Hafenorten wie dem kalifornischen Küstenstädtchen Sausalito in so manchen Sommernächten keinen Schlaf finden. Besonders betroffen sind die Bewohner von Hausbooten, da die brummigen Liebeslieder die Rümpfe ihrer Boote regelrecht zum Vibrieren bringen.

Um von seinem eigenen Liebesgebrumm nicht hörgeschädigt oder gar taub zu werden, kontrolliert der männliche Bootsmannfisch Tonproduktion und Gehörsinn mit der gleichen Hirnregion. So wird, wenn der beflosste Minnesänger mit Muskulatur und Schwimmblase sein charakteristisches Vibrato ertönen lässt, ein Signal an die Haarzellen seines Ohres gesendet, woraufhin die Geräuschempfindlichkeit deutlich abnimmt.

So weit so gut, gäbe es da nicht ein massives Kommunikationsproblem zwischen Männchen und Weibchen. Die Damen können nämlich in dem Frequenzbereich, in dem die marinen Troubadoure ihre Liebesgesänge zum Besten geben, nicht sonderlich gut hören. Und das ist eigentlich auch gut so, denn die Weibchen wollen natürlich nicht die ganze Zeit vom permanenten akustischen Liebeswerben belästigt werden. Die gesungenen Liebesbotschaften interessieren die Damen eben nur dann, wenn sie sich in ihrer fruchtbaren Phase befinden. Und prompt bekommen die Weibchen dann tatsächlich kurz vor der Paarungszeit mit einem Mal ein offenes Ohr für die brummigen Liebeshymnen der Männchen. Verantwortlich für dieses erstaunliche Phänomen ist ein rapides Ansteigen der Konzentration des weiblichen Geschlechtshormons Östradiol, das seinerseits die Struktur des Innenohrs so verändert, dass auch Frequenzen über 100 Hertz

Ganz schön stimmgewaltig: der Nördliche Bootsmannfisch.

und damit auch die Lockgesänge der Männchen wahrgenommen werden können.
Am Anfang war den Einwohnern von Sausalito übrigens noch völlig unklar, was denn die Quelle des fürchterlichen Gebrummes in ihrem Hafenbecken sein sollte. Für erste Erklärungsversuche mussten geheime militärische Experimente, russische Spionage-U-Boote und sogar Außerirdische herhalten. Und selbst eilig herbeigerufene Wissenschaftler konnten selbst mit High-Tech-Equipment wie Unterwasserlauschgeräten zunächst das Rätsel nicht lösen. Erst als amerikanischen Meeresbiologen mehrere Bootsmannfische ins Netz gingen, wurde klar, dass es Radaubrüder mit Flossen sind, die die armen Hausbootbewohner um den Schlaf bringen.
Die Bewohner von Sausalito haben übrigens vor einigen Jahren auf die nervtötenden Meeresbewohner reagiert und aus ihrer akustischen Not eine Tugend gemacht. Sie haben das »Humming Toadfish Festival« das »Festival der brummenden Krötenfische« ins Leben gerufen – frei nach dem Motto: »Wenn uns die verdammten Fische schon um den Schlaf bringen, wollen wir wenigstens die Nacht ordentlich durchfeiern.« Während des Festivals verkleideten sich die Bewohner als Fische und imitierten dabei auch noch die Liebesgesänge der nächtlichen Ruhestörer mit Hilfe sogenannter Kazoos – schlichter Blasinstrumente, denen man saxophonartige Klänge entlocken kann. Aber offensichtlich war das selbst für die traditionell als etwas »verrückt« angesehenen Kalifornier zu viel – stark sinkende Besucherzahlen sorgten jedenfalls dafür, dass das Festival bereits nach drei Jahren wieder verschwand.

Stechmücke

Culex pipiens

Track 61

Stechmücken erfreuen sich bei uns Menschen nun wirklich keiner großen Beliebtheit. Reicht es den geflügelten Plagegeister doch nicht aus, nach ihren Attacken höllisch juckende Stiche und hässliche rote Quaddeln zu hinterlassen. Nein, als ob das nicht schlimm genug wäre, bringen uns die kleinen Blutsauger auch noch mit einem äußerst nervtötenden Summen um den wohlverdienten Schlaf. Einem Summen, das schon so manchen Zeitgenossen nahezu in den Wahnsinn getrieben hat – zum einen wegen der Angst vor dem zu erwartenden Stich und dann auch noch durch den verhassten Ton selbst.

Das charakteristische Summen entsteht im Vorderkörper der Insekten. Dort zieht sich nämlich die Flugmuskulatur beim Flügelschlag zusammen und entspannt sich anschließend wieder. Und diese Bewegung, die blitzschnell vonstatten geht, versetzt nicht nur die zarten Flügel, sondern auch die umgebende Luft in Schwingungen. Und genau das löst das Geräusch aus, das wir als so nervtötend empfinden.

Aber warum summen Stechmücken überhaupt? Schließlich verraten die winzigen Blutsauger mit dem charakteristischen Geräusch ihrem arg geplagten Opfer ihre genaue Position und bringen sich so – bedroht durch extrem gereizte Menschen – in akute Lebensgefahr. Eigentlich ein evolutionäres Handicap! Wäre da nicht ein lautloser Flug wesentlich vorteilhafter?

Nein, denn das Summen erfüllt bei den fliegenden Blutsaugern einen überaus wichtigen Zweck, ja hat sogar einen existenziellen Sinn. Das Summen hilft den Stechmücken bei der Fortpflanzung. Wissenschaftler haben vor Kurzem herausgefunden, dass das Gesumme der Geschlechterfindung dient – Männchen tun dies nämlich in einer deutlich höheren Frequenz als Weibchen. Während die Männchen mit einer Frequenz von rund 600 Hertz summen, bringen es die Weibchen auf lediglich 550 Hertz, schlagen also 550-mal pro Sekunde mit den Flügeln und erzeugen daher ein tieferes Geräusch. Dieser tiefe Sound wirkt offensichtlich auf sexhungrige Männchen unwiderstehlich und versetzt sie in einen wahren Begattungstaumel. Die Herren der Schöpfung hören übrigens mit hoch spezialisierten Hörorganen, die sich an ihren Antennen befinden. Ob auch die Weibchen, die wesentlich simpler gebaute Antennen besitzen, ihren männlichen Bewerber hören können, wurde bisher noch nicht untersucht.

Englische Wissenschaftler haben übrigens herausgefunden, dass Partygänger mit absolutem Gehör auf Gartenfesten einen beeindruckenden kleinen Trick vorführen können: Wenn in lauen Sommernächten dichte Schwärme männlicher Stechmücken über Gebüschen oder Zaunpfählen schweben, genügt es nämlich, ein »eingestrichenes C« zu summen, und schon setzt sich die gesamte Mückenwolke mit beeindruckender Geschwindigkeit in Richtung des Sängers in Bewegung – vermuten die Mückenmänner dort doch irrtümlicherweise ein oder gar mehrere paarungsbereite Weibchen.

Zum Schluss aber noch ein paar wirklich gute Nachrichten in Sachen Stechmücken. Die beste gleich vorneweg: Nicht alle Mücken stechen, sondern »nur« die Weibchen. Die Stechmückendamen benötigen nämlich nach der Befruchtung durch die Männchen eine Blutmahlzeit als eiweißhaltige Nahrungsquelle für die Eierproduktion. Ohne unser Blut würde sich kein Mückennachwuchs einstellen. Die Herren der Schöpfung dieser bei Menschen so verhassten Insektenfamilie sind hingegen völlig harmlos. Sie ernähren sich rein vegetarisch und stillen ihren Energiebedarf mit süßen Pflanzensäften.

Und allen Unkenrufen zum Trotz kann man auch im Sommer das Licht im Schlafzimmer ruhig anlassen, denn es ist ein weit verbreitetes Märchen, dass helles Licht Stechmücken anlockt. Es sind vielmehr das ausgeatmete Kohlendioxid und die Schweißzusammensetzung unserer Haut, die die kleinen Plagegeister geradezu magisch anziehen.

Oft hört man den schon fast klassischen Satz: »Ich werde öfter gestochen, weil ich süßes Blut habe.« So ganz falsch ist diese Aussage gar nicht, denn die Zusammensetzung unseres Blutes bestimmt den Geruch, der über die Haut abgegeben wird. Nun ist das Blut eines Menschen sicherlich nicht »süßer« als das eines anderen, aber für Mücken schmeckt es tatsächlich unterschiedlich. So werden einige Menschen bevorzugt gestochen.

Auch dass Frauen häufiger gestochen werden als Männer, ist ein Irrglaube. Frauen empfinden die Stiche der fliegenden »Minivampire« einfach wesentlich intensiver als Männer, da sie zum einen eine dünnere Haut haben und zum anderen wegen der – zumindest in den meisten Fällen – geringeren Körperbehaarung besser gestochen werden können.

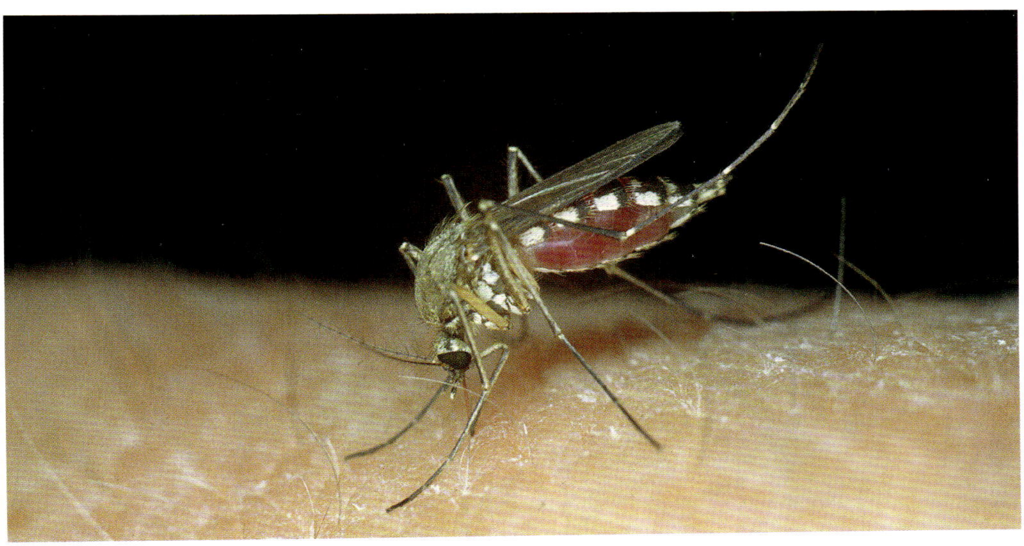

Das Summen von Stechmücken wird als äußerst nervtötend empfunden.

Honigbiene

Apis mellifera

Track 62

Ab Ende Mai wird es im Bienenstock langsam eng, und die Bienen bereiten sich auf die Teilung des Volkes, das Ausschwärmen vor. Die Arbeiterinnen haben dann bereits mehrere sogenannte Weiselzellen angelegt, Brutzellen, aus denen später neue Königinnen schlüpfen werden. Die Königin bestückt diese Zellen mit befruchteten Eiern, aus denen königliche »Maden« schlüpfen, die im Gegensatz zu den zukünftigen Arbeiterinnen nur mit dem berühmten Gelée Royale gefüttert werden. Sobald die jungen Königinnen schlupfreif sind, wandert die alte Königin mit einem Teil ihres Volkes ab und sucht sich eine neue Bleibe. Ihre Nachfolge im Stock tritt dann eine ihrer Töchter an.

Das Summen der Biene wird durch die Vibration der Flugmuskeln hervorgerufen.

Kurz vor dem Schlüpfen geben die Jungköniginnen ein Geräusch von sich, das wohl am ehesten mit dem nervösen Quaken einer aufgeregten Entenschar zu vergleichen ist. Dieser in der Imkersprache ganz folgerichtig als Quaken bezeichnete Rufton dient dazu festzustellen, ob vielleicht bereits eine andere Königin geschlüpft ist. Hört die quakende Majestät in spe dann als Antwort das sogenannte Tüten, ein Geräusch, das irgendwo zwischen dem Gezirpe von Grillen und dem Gefiepe spielender Hundewelpen liegt, weiß sie, dass eine ihrer königlichen Schwestern bereits geschlüpft und damit ihr Leben äußerst bedroht ist.

Denn die »Erstgeschlüpfte« kennt mit der königlichen Verwandtschaft keine Gnade. Findet sie eine weitere Königinnenzelle, beißt sie sofort seitlich ein Loch hinein und sticht die wehrlose ungeschlüpfte Königin ab. Schlüpfen zwei Königinnen gleichzeitig, kommt es sofort zu einem royalen Showdown – sprich zu einem Kampf auf Leben und Tod, bei dem die stärkere gewinnt und das Bienenvolk übernimmt. Es kann eben nur eine geben!

Das »Tüten« und »Quaken« erzeugen die Jungköniginnen übrigens durch Vibration der Flügelmuskulatur. Und auch das bekannte »Summen« der Arbeiterbienen wird durch schnellen Flügelschlag hervorgerufen, ähnlich wie bei den Moskitos (S. 84).

Mannasingzikade

Cicada orni

Track 63

Jeder, der seinen Sommerurlaub schon einmal am Mittelmeer verbracht hat, kennt es: das unermüdliche Zirpen der Zikaden. Doch nicht alle Zikaden zirpen. Schon die alten Griechen wussten, dass es bei den Singzikaden nur die Herren der Schöpfung sind, die ihre Umwelt mit ihren mehr oder weniger gelungenen Gesangsdarbietungen erfreuen. So schrieb bereits im 4. Jahrhundert v. Chr. der griechische Komödiendichter Xenarchos zwar durchaus treffend, aber dafür doch wenig charmant: »Glücklich leben die Zikaden, denn sie haben stumme Weiber.«

Der Gesang der Zikadenherren dient in erster Linie natürlich der Anlockung von Weibchen, gleichzeitig sollen durch die akustische Reviermarkierung aber auch lästige Konkurrenten ferngehalten werden.

Zur Erzeugung ihres charakteristischen Zirpens besitzen Singzikaden im Übergangsbereich zwischen Brust und Hinterleib ein sogenanntes Trommelorgan. Hier werden mit Hilfe äußerst leistungsfähiger »Singmuskeln« Teilbereiche des Außenpanzers, die sogenannten Schallplatten bis zu 500(!)-mal pro Sekunde eingedellt, um anschließend zurückzuschnellen. Das Ganze klingt in etwa so, als würde man einen gewölbten Blechdosendeckel mit rasender Geschwindigkeit immer wieder eindrücken und ausbeulen. Im Hinterleib leistet ein riesiger, als Resonanzkörper dienender Luftsack einen wichtigen Beitrag zur Verstärkung des Schalls.

Kein Wunder also, dass die kleinen Krachmacher bei guten Witterungsbedingungen gut einen halben Kilometer weit zu hören sind und zu den lautesten Insekten überhaupt gehören.

Sobald jetzt ein paarungsbereites Weibchen mit seinen am Hinterleib sitzenden Gehörorganen den schnarrenden Minnegesang vernimmt und auch richtig lokalisiert, fliegt es schnurstracks zu dem meist auf einem Baum singenden Troubadour und fast immer kommt es dann zu einem Schäferstündchen in luftiger Höhe.

In China und Japan haben Singzikaden einen festen Platz in der traditionellen Medizin. So werden zum Beispiel getrocknete Larvenhäute – man höre und staune – ausgerechnet gegen Ohrenschmerzen eingesetzt!

Zikaden zirpen mit Hilfe spezieller Singmuskeln.

Feldgrille

Gryllus campestris

Track 64

Wie alle Laubheuschrecken (S. 90) singen auch Grillen nicht mit dem Mund, sondern mit den Flügeln. Die kleinen Wiesenmusikanten erzeugen das charakteristische Zirpen nämlich, indem sie ihre Flügel aneinanderreiben, wobei eine spezielle Schrillkante über eine andere, gezähnte Schrillader streift. Es sind dabei stets die Männchen, die von Mai bis September mit ihrem Gesang in den späten Abendstunden zum einen Weibchen anlocken und zum anderen ihr Revier abgrenzen wollen.

An den Schienbeinen der Vorderbeine, wo die Gehörorgane der Grillen sitzen, ist dabei das eigene Zirpen mit einer Lautstärke von fast 100 Dezibel so laut wie ein Presslufthammer. Englische Wissenschaftler haben jetzt herausgefunden, dass sich die Grillen mit einem eingebauten Gehörschutz vor dem Lärm des eigenen Gesangs schützen: Mit Hilfe einer spezialisierten Nervenzelle legen die Tiere ihre Hörnerven während des eigenen Zirpens lahm – sie schalten also quasi ihre Ohren »auf Durchzug«. Während der kurzen Gesangspausen wird die Hörblockade aber stets aufgehoben, sodass die sangesfreudigen Insekten wieder für sie lebenswichtige Umweltgeräusche wahrnehmen können.

Während wir Europäer dem Gezirpe einer Grille relativ wenig abgewinnen können, stellt der Gesang der kleinen, sechsbeinigen Musikanten für einen Chinesen einen Kunstgenuss höchster Güte dar. So schreibt ein chinesischer Dichter im Jahre 1900: »Das ewige Auf- und Abklingen des Zirpens, einem Vibrato continuo gleich, erfüllt mich mit Freude und Trauer, es ist eine himmlische Stimme, eine Musik, für den Mann der Muße wie geschaffen.« Kein Wunder also, dass »singende« Grillen in China bereits seit vielen Jahrhunderten als überaus beliebte Haustiere gehalten werden.

Schon vor rund 1300 Jahren fingen die Konkubinen des chinesischen Kaisers Grillen und sperrten sie in kleine goldene Käfige, die sie neben ihr Kopfkissen stellten. Der Gesang der kleinen Insekten sollte den Damen wohl über die zahlreichen einsamen Nächte im eigenen »goldenen Käfig« hinweghelfen.

Es dauerte dann nicht mehr lange, bis auch das einfache Volk seine Liebe zu den singenden Insekten entdeckte und bald nahezu zu jedem chinesischen Haushalt eine familieneigene Grille gehörte. Zu Hause wurden die Grillen in kleinen Bambuskäfigen in Gestalt von Palästen, Türmen oder Booten gehalten, verließen die Chinesen das Haus, steckten sie einen ihrer sechsbeinigen Lieblinge in einem ausgehöhlten Flaschenkürbis, den sie in der Jackentasche aufbewahrten, wo die Grille ihnen auch unterwegs – angeregt von der Körperwärme – ein ganz persönliches Konzert gab.

Sogar Soldaten im Feld sollen Grillen gehalten haben, damit sie sich in den Kampfpausen nicht allzu sehr langweilten, berichtet zumindest der Volksmund. Gleiches galt für Prostituierte, um die Einsamkeit zu vertreiben, wenn gerade kein Freier anwesend war. Mit Beginn der Großen Proletarischen Kultur-

revolution verstummte der Gesang der Grillen in den Häusern der Menschen, galt doch bei den kommunistischen Machthabern das bei den Chinesen so überaus beliebte »kleine Spiel« – das Halten von Tieren aller Art – als »bourgeois und reaktionär« und wurde deshalb von offizieller Seite streng verboten.
Inzwischen ist die Grillenhaltung in China wieder erlaubt und die Nachfrage nach den so überaus beliebten singenden Insekten erneut so groß, dass die Grillenzucht zu einem überaus lukrativen Geschäft geworden ist. Und so zirpen die Grillen wieder überall im heutigen China, und zwar sowohl in den Taschen von antiquierten Mao-Jacken wie in modischen Designermänteln, in Rikschas ebenso wie in Luxuslimousinen – Grillenhaltung ist ein wahrhaft klassenloses Vergnügen.
Wer Grillen aufmerksam lauscht, kann die kleinen Wiesenmusikanten, das haben amerikanische Wissenschaftler herausgefunden, auch als eine Art »lebendes Thermometer« benutzen. Die Zirpfrequenz der Insekten ändert sich nämlich mathematisch exakt in Abhängigkeit von der Temperatur. So besagt eine einfache Regel: Zählt man die Zirptöne der Grille über eine Dauer von 15 Sekunden und addiert 40, erhält man die Temperatur in Fahrenheit. Will man dagegen die Temperatur in den in Europa gebräuchlichen Grad Celcius in Erfahrung bringen, muss man die Zirptöne über eine volle Minute zählen, 50 addieren und anschließend die erhaltene Summe durch 9 dividieren.
Das verblüffende Phänomen ist leicht zu erklären: Grillen sind wechselwarm; sie passen – wie alle Insekten – ihre Körperwärme der Außentemperatur an. Eine kalte Grille bewegt sich langsamer, eine warme bewegt sich schnell. Stark vereinfacht gesagt: Hat eine Grille erst einmal die richtige Betriebstemperatur erreicht, zirpt sie auch schneller.

Der Gesang einer Grille entsteht durch Aneinanderreiben der Flügel.

Grünes Heupferd

Tettigonia viridissima

Track 65

Singen im menschlichen Sinne können Heuschrecken nicht, dazu fehlen ihnen einfach die Stimmbänder. Nein, gesungen wird in Heuschreckenkreisen mit den Flügeln. Dazu werden die Vorderflügel schräg aneinandergestellt und rasch gegeneinander bewegt, wobei bei den Laubheuschrecken die Schrillleiste des linken Vorderflügels, bei den Grillen dagegen die Schrillleiste des rechten Vorderflügels über die Schrillkante des jeweils anderen Flügels gezogen wird (S. 88).
Feldheuschrecken wiederum, zu denen auch die wegen ihrer unbändigen Gefräßigkeit gefürchtete Wanderheuschrecke gehört, zirpen meist, indem sie ihre Hinterbeine an einer besonders strukturierten Ader am Vorderflügel reiben.
Diese mechanische Lauterzeugung wird bei Biologen als Stridulation bezeichnet.
Das Grüne Heupferd, eine unserer größten und schönsten Heuschrecken, ist – zumindest was die Lautstärke betrifft – gesangsmäßig die Nr. 1 unter den Heuschrecken, sind doch die kleinen Sangeskünstler in lauen Sommernächten manchmal über 100 m weit zu hören.
Der Gesang selbst besteht aus einem lauten, deutlich unterbrochenen Schwirren, bei dem immer zwei Töne zu einem Doppelton zusammengefasst sind.
Es sind fast immer die männlichen Heupferde, die vom Nachmittag bis spät nach Mitternacht von sogenannten Singwarten in Bäumen und Sträuchern aus mit ihren Gesängen bei den Damen Eindruck schinden und nebenbei auch noch lästige Konkurrenten aus dem eigenen Revier fernhalten wollen. Und immer gilt: Je lauter ein Männchen zirpt, desto größer sind auch seine Chancen, von der Dame seines Herzens erhört zu werden.
Auch die Weibchen können zirpen – allerdings tun sie das sehr viel leiser und seltener als die Männchen. An kühlen und verregneten Tagen bleibt der Gesang übrigens ganz aus.

Laubheuschrecken musizieren mit Hilfe der Flügel.

Pistolenkrebs

Alpheus heterochaelis

Track 66

An diesem »Unterwasser-Revolverhelden« hätte auch der Vater aller Westernhelden, der legendäre John Wayne, sicher seine wahre Freude gehabt. Der gerade mal 5 cm große Pistolenkrebs wurde von Mutter Natur nämlich mit einer speziellen »Pistolenschere« ausgerüstet, mit der er seiner Umgebung wahrhaft das Fürchten lehren kann. Die beiden Hälften dieser riesigen Spezialschere kann der kleine Krebs dank einer speziellen Muskelanordnung mit einer Geschwindigkeit von über 90 km/h zusammenschnellen lassen. Bei diesem Vorgang wird, wie aus dem Lauf einer Wasserspritzpistole, ein scharfer Wasserstrahl ausgestoßen, in dem sich eine etwa 3 mm große, ultraheiße (4000 °C!) sogenannte Kavitationsblase bildet, die dann mit einem Lichtblitz und lautem Knall implodiert. Dieser Knall, der eine Lautstärke von bis zu 240 Dezibel erreichen kann, gilt als lautestes Geräusch, das ein Tier überhaupt zu erzeugen in der Lage ist.

Die Scherenpistole dient in erster Linie dem Beutefang, denn mit dem Knall können Garnelen oder Würmer, aber auch kleinere Fische betäubt werden. Doch auch gegen unliebsame Konkurrenten wird der Unterwassercolt gerne eingesetzt. Die Rangordnung in der Welt der Krebse wird nämlich in knallenden Duellen nach Westernmanier regelrecht ausgeschossen. Allerdings geht es den Duellanten hierbei nicht darum, dem Artgenossen Schaden zuzufügen, sondern an Hand der Größe des abgefeuerten Wasserstrahls sowie der Lautstärke des Knalls zu demonstrieren, wer in der Krebshierarchie das Sagen hat.

Da Pistolenkrebse vor allem in den flachen Meeresgewässern in großer Zahl auftreten, verschmelzen die zahlreichen »Schüsse« der kleinen Revolverhelden dort oft zu einem fortwährenden Knattern und Prasseln. Die knatternden Dauerschießereien der Minikrebse können sogar so heftig sein, dass sie die Sonarsysteme von U-Booten irritieren.

Beim Pistolenkrebs »sitzt der Colt locker«.

Stichwortverzeichnis

Tonaufnahmen

Alle Tracks stammen aus dem Tierstimmenarchiv des Museums für Naturkunde zu Berlin, mit Ausnahme von:

Track 03, 06, 09, 15, 19, 27, 30, 35, 44, 53, 55, 57, 61 – Archiv Edition Ample
Track 26, 50 – The British Library Sound Archive
Track 04 – Cornell Lab of Ornithology
Track 41 – Steve Curry and »Tiger Bird«, Oklahoma City
Track 54 – St. Augustine Alligator Farm
Track 60 – www.sfgate.com
Track 66 – M. Versluis, B. Schmitz, A. von der Heydt and D. Lohse: How snapping shrimp snap: through cavitating bubbles. SCIENCE 289, 2114–2117 (2000)

Die weltweit bedeutendsten Tierstimmenarchive erreichen Sie über folgende Homepages:

Tierstimmenarchiv des Museums für Naturkunde:
www.tierstimmenarchiv.de

The British Library Sound Archive:
www.bl.uk/nsa

Cornell Lab of Ornithology:
www.birds.cornell.edu

Über den Autor

Dr. Mario Ludwig, Jahrgang 1957, studierte Biologie, Chemie und Geologie. Er ist Autor zahlreicher populärwissenschaftlicher Tier- und Naturbücher, die bereits in mehrere Sprachen übersetzt wurden. Er lebt mit seiner Frau und zwei Katzen in Karlsruhe und ist gern gesehener Gast in Fernsehsendungen wie »Johannes B. Kerner«, »3 nach 9«, »Menschen der Woche« und »Galileo Mystery«.

Bildnachweis
Angermayer/Berger: 25
Angermayer/Lange: 69
Angermayer/Pfletsch: 81
Angermayer/Reinhard: 35, 42
Angermayer/Schmidt: 64
Angermayer/Wendl: 62
Angermayer/Ziesler: 31, 60
Arco/NPL/L.C.Marigo: 54
Breuer: 23
Doug Perrine/
naturepl.com: 17
Getty: 11
Getty/M. E. Newman: 12
Getty/M. Melford: 71
Juniors Bildarchiv: 73
Limbrunner: 2/3, 6, 21, 43, 47, 49, 51, 54, 63, 77, 88
Ludwig: 7, 8, 14, 20, 29, 33, 68
Miller S.D./ naturepl.com: 55
Nill: 45
Pforr: 59, 85, 90
Reinhard: 1, 15, 24, 26, 27, 30, 34, 38, 39, 40, 46, 58, 65, 66, 67, 72, 74, 79
Ruiz J.B./ naturepl.com: 87
Schrichte D.R./ SeaPics.com: 75, 80
Wakeling Marli/ SeaPics.com: 83
Watson M./ardea.com: 13
Wothe: 16, 36, 37, 41, 56, 57, 61, 86, 91

Bibliographische Information der Deutschen Bibliothek
Die Deutsche Bibliothek verzeichnet diese Publikation in der Deutschen Nationalbibliographie; detaillierte bibliographische Daten sind im Internet über http://dnb.ddb.de abrufbar.

BLV Buchverlag GmbH & Co. KG
80797 München

© 2009 BLV Buchverlag GmbH & Co. KG, München

Das Werk einschließlich aller seiner Teile ist urheberrechtlich geschützt. Jede Verwertung außerhalb der engen Grenzen des Urheberrechtsgesetzes ist ohne Zustimmung des Verlags unzulässig und strafbar. Das gilt insbesondere für Vervielfältigungen, Übersetzungen, Mikroverfilmungen und die Einspeicherung und Verarbeitung in elektronischen Systemen.

Umschlagfotos:
Vorderseite: Alimdi.net/Christian Huetter
Rückseite: Wothe

Lektorat: Dr. Friedrich Kögel, Dr. Eva Dempewolf
Herstellung: Angelika Tröger
DTP: Uhl + Massopust GmbH, Aalen

Gedruckt auf chlorfrei gebleichtem Papier

Printed in Germany
ISBN 978-3-8354-0561-5

Gute Unterhaltung!

Mario Ludwig
Unglaubliche Geschichten aus dem Tierreich
Von Abc-Schülern, Beischlafbetrügern, Sklavenhaltern und Rückwärtsfliegern: erstaunliche Tricks und Fähigkeiten der Tiere; mit Illustrationen von Jan Gulbransson, dem einzigen deutschen Donald-Duck-Zeichner.
ISBN 978-3-8354-0358-1

Harald Gebhardt/Mario Ludwig
Die berühmtesten Tiere der Welt
Spektakuläre Storys über die berühmtesten Tiere aller Zeiten: von Laika, dem ersten Hund im Weltall, Klonschaf Dolly, Filmstars wie Flipper und Lassie, Eisbär Knut, Braunbär Bruno und vielen anderen mehr.
ISBN 978-3-8354-0319-2

Bücher fürs Leben. blv